Excel 職場新人 300 招：

函數、圖表、報表、數據整理有訣竅，
原來這樣做會更快！

賈婷婷 編著

「天啊！為什麼我這個報表的公式又跑錯了？」

「怎麼把三張表中的資料導入總表中呀？等等，你跟我說的那個函數我不會用……」

「救命，主管要我把這個表製作成一個圖表分析給他。圖表分析是啥？」

別懷疑！這些狀況時常發生在職場當中。

常見的Excel參考書中，雖然系統化地講解了Excel的操作方法和技巧，但是對於一個沒有數據分析基礎的人來說，就算學會了軟體的使用方法，仍然缺少正確的資料分析思維來完成工作任務。因為你不知道該為哪些資料設計什麼樣的表格；圖表分析報告是由哪些部分構成……甚至你沒有意識到，Excel表格和圖表是為數據服務的，製作和設計圖表的最終目的就是用來展現數據。

本書寫作的目的是要讓零基礎的人都能輕鬆掌握用Excel進行資料分析的方法，不僅透過本書學會使用Excel，更要讓讀者從書中領會專業的資料分析思維，以便從容應對工作中遇到的表格和圖表製作任務，輕鬆完成各種資料分析工作，並且領略到專業的表格和圖表展現出的魅力。

編者
2014/02

目錄

Chapter 4　資料統計方法篇

Chapter 5　資料分析快速上手

Chapter 6　讓圖表替數據說話

Chapter 7　圖表美化技巧篇

Chapter 8　VBA 其實並不難

Chapter 9　辦公室常用的 Excel 技能

Chapter1
你真的認識 Excel 嗎？

當老闆說：「嘿，給我一份 Excel 資料分析報告！」的時候，Excel 新鮮人們也許會睜大眼睛，一臉茫然，然後在心裡大叫：「噢！那是什麼？Excel 能做報告？資料分析報告長什麼樣啊？」這是因為新鮮人還沒有認識到 Excel 的「真面目」。

1 | Excel 能做什麼

只要問到 Excel 能做什麼，一定會有人說：「Excel 不就是一個能做表格的工具嗎？對了，它還可以做圖表。」

這麼說也對，因為從淺顯的角度來看，Excel 就是一個製作表格和圖表的工具。但在用資料說話的資訊時代，Excel 需要「做」的可不是隨隨便便一張表格或圖表，只有對資料進行加工且能夠表現分析資料的表格和圖表，才是有價值的。

為什麼 Excel 在現代企業的生產經營活動中很重要？從表面上看，是因為 Excel 被廣泛應用於行政管理、人力資源管理、市場行銷管理、財會管理等領域，無論是行政辦公、人才招聘、市場調查、倉儲盤點、財會報表，還是分析決策工作，都離不開 Excel。

更重要的是，企業需要利用 Excel 對資料訊息進行管理。企業透過 Excel 可以有效地收集、傳遞、處理和分析資料，獲得及時、準確、全面的分析資料，進而提升企業的管理水準，掌握市場動向，做出有利於企業未來發展的決策。

收集	→	傳遞	→	處理	→	分析
即時記錄資料		規範資料		將資料轉化為資訊		數據化分析資訊

2 │ 做一名資料分析專家

說到「資料分析」，最直接的理解就是對資料進行分析。「資料分析」的目的是什麼？就是選用適當的統計分析方法加工、處理收集到的資料，從雜亂無章的資料中找出有意義的資訊，並進一步歸納出研究目標中隱藏的規律。

要做一名 Excel 高手，首先就要成為一個資料分析專家。

▌5 步驟完成資料分析

成為資料分析專家很難嗎？不！只要掌握資料分析的 5 大步驟，不需要千辛萬苦地去考一個「資料分析師」證書，就可以成為一名合格的 Excel 表格製作與資料分析專家。

根據實際工作經驗不難歸納出，在進行資料分析的過程中包括 5 個步驟：

1. 了解目標
2. 收集資料
3. 處理資料
4. 分析資料
5. 呈現數據

這 5 個步驟其實是一種經驗歸納或工作思維，透過這些步驟可以指導新手如何進行資料分析，並讓高手提高資料分析工作的效率。

了解目標	收集資料	處理資料	分析資料	呈現數據
◆為什麼要進行 資料分析 ◆從哪些方面著 手進行分析	◆建立資料庫 ◆收集可使用的 公開資料 ◆透過市場調查 收集資料	◆篩選無效數據 ◆轉換資料使其 具有一致性 ◆提取有效資料 ◆計算資料	◆選用適當的統 計分析方法	◆透過表格或圖 表的方式呈現 分析後的資料

▌交出合格的資料分析報告

按照資料分析的 5 個步驟進行操作，可以使 Excel 新手迅速化身為高手，輕鬆完成資料分析，但是老闆需要的可不是一份未經整理的資料分析結果。

當老闆說「給我一份資料分析報告」的時候，不用感到茫然無措。所謂「數據分析報告」，其實就是對整個資料分析過程做一個歸納，將資料分析的起因、過程、結果和建議以報告的形式完整地呈現出來，為決策者提供參考。若你已經搞定了資料分析，自然能夠輕鬆搞定「分析報告」。

如何做出一份合格的資料分析報告？這很簡單。首先確立一個結構分明、層次清晰的框架，然後以圖文並茂的形式生動、直覺地將報告內容呈現給閱讀者，使閱讀者可以輕鬆理解報告中提出的問題、分析的過程和結論，以及提供的建議。下面是一個資料分析報告的基本範例。

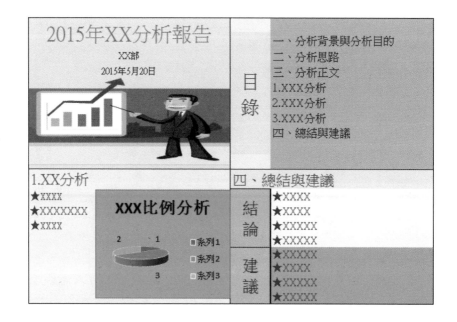

NOTE 總體來說，要做好一份資料分析報告，需要做到以下幾點。
- 報告結構清晰，內容主次分明
- 圖文並茂，使閱讀者能直接看到並理解報告內容
- 對分析目標做出明確的結論
- 針對提出的問題，提供具有可行性的建議或解決方案

資料分析常用指標與術語

某主管歸納說：「今年做得不錯，去年 2 萬件的銷量今年提高到 4 萬件，翻了兩番。另外，我們引進的新技術，讓成本得到了有效的控制，從 30 萬元降低到 15 萬元，足足下降了一倍！」如此「專業」的發言，引來會議室裡一陣偷笑。

要知道，在進行資料分析的時候，常常會用到「倍數」、「比例」、「比率」等分析指標和術語。想做一名真正的 Excel 資料分析專家，就要學習並理解這些常用的分析指標和術語，避免成為「磚家」，讓人貽笑大方。

1. 相對數與絕對數

相對數與絕對數是資料分析中常用到的綜合指標。按照專業的說法，其中絕對數反映的是「客觀現象總體在一定時間、地點條件下的總規模、總水準」，或者表現為「在一定時間、地點條件下數量的增減變化」。例如我們常聽到的人口總數、GDP 等就是絕對數。

相對數則是將兩個有聯繫的指標對比計算得出的數值，用來反映「客觀現象之間的數量聯繫程度」。相對數常以倍數、百分數、成數等表示。

絕對數	相對數
300 萬元	3 倍
200 件	98 元 / 人
50 公斤	5 成
100 公尺	2:3

相對數的基本計算公式為：

$$相對數 = \frac{比較數值（比數）}{基礎數值（基數）}$$

在相對數的計算過程中，用來作為與基礎進行對比的指標數值被稱為「比較數值」，即「比數」；用作對比標準的指標數值被稱為「基礎數值」，即「基數」。例如，說「今年的銷售額是去年的 2 倍」，其中「今年的銷售額」是比數，「去年的銷售額」是基礎，用比數除以基數後，得到的相對數以「2 倍」表示。

在使用相對數時，要注意指標的可比性，同時可以和絕對數（總量）指標結合使用。
TIPS

2. 平均數

平均數在日常生活和工作中應用廣泛，比如數學老師計算出某班學生的平均成績，以此為指標，判斷哪些學生的成績高於平均分時需要繼續保持，哪些學生的成績低於平均分時需要加強。

數學平均成績73分

小紅65分	小黃70分	小藍84分
要努力！		要保持！

在這裡提到的平均數是算術平均數，是將一組資料加總後除以資料個數得到的數值。算術平均數是十分重要的基礎指標，它能夠代表總體的一般水準，將總體內各單位的數量差異抽象化，掩蓋各單位的差異。

 除了算術平均數，還有幾何平均數、調和平均數等，在日常生活中提到的「平均數」通常都是指算術平均數。

3. 倍數與次方數

次方數與倍數都屬於相對數。倍數一般用來反映數量的增長情況或者上升幅度，是一個資料除以另一個資料得到的商。如「從去年 2 萬件的銷量提高到今年的 4 萬件」，4 萬件 ÷2 萬件 =2，所以今年的銷量是去年的 2 倍。

次方數是指原數量的 2 的 n 次方倍（2^n）。如「去年 2 萬件的銷量提高到今年的 4 萬件」，銷量翻了一番，為原數量的 2 倍（2^1），而「翻了兩番」則表示數量為原數量的 4 倍（2^2），「翻了三番」即是 8 倍（2^3），以此類推。

 「成本得到了有效的控制，從 30 萬元降低到 15 萬元，足足下降了一倍！」是錯誤的說法。倍數不適用於數量減少或下降，可以改用百分數表示，如「下降了 50%」。

4. 百分比與百分點

百分比也是一種相對數，也叫百分數或者百分率，它可以表示一個數是另一個數的百分之幾。其計算公式為：**百分比＝（比數 ÷ 基數）×100%**。如，成本「從 30 萬元降低到 15 萬元」，成本下降了 50%。

$$百分比 = \frac{15\ 萬元}{30\ 萬元} \times 100\% = 50\%$$

百分點是指在以百分數形式表示的情況下，不同時期的相對指標的變動幅度，1 個百分點 =1%。如，「今年公司利潤為 43%，與去年的 32% 相比，提高了 11 個百分點」。

5. 次數與頻率

次數屬於絕對數，是指一組資料中個別項目重複出現幾次。如某公司有員工 60 人，其中男員工有 24 人，女員工有 36 人，那麼在全體員工的性別列表中，「男性」會出現 24 次，「女性」則會出現 36 次。

頻率用於反映某類別在總體中出現的頻繁程度，一般用百分數表示，是一種相對數。其計算公式為：**頻率＝（某組類別次數 ÷ 總次數）×100%**。如在某公司的 60 名員工中，隨機挑選一位，男員工出現的頻率為（24÷60）×100%=40%；女員工出現的頻率為（36÷60）×100%=60%。

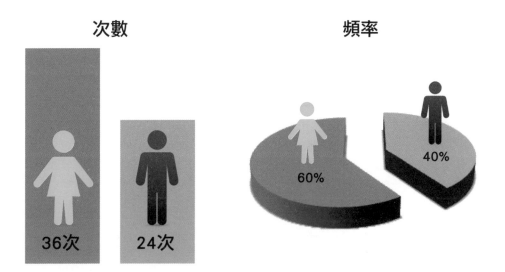

次數　　　　　　　　　　頻率

36次　　24次　　　60%　　40%

6. 比例與比率

比例與比率都屬於相對數。其中，比例用於反映總體的構成和結構，表示總體中各部分的數值占全部數值的比重。如，某公司有員工 60 人，其中男員工有 24 人，女員工有 36 人，那麼公司中男員工的比例為 24:60，女員工的比例為 36:60。需要注意的是，比例的基數是全體員工人數。

比率則用於反映一個整體中各部分之間的關係，是不同類別的數值的對比。如，公司男員工有 24 人，女員工有 36 人，則公司男女員工比率為 24:36。比率這一指標常常被用在社會經濟領域。

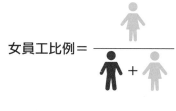

7. 同期比與上期比

常常能看到這樣的描述：「公司第一季銷售額達到 60 萬元，同期比增長 20%」或者「2 月份銷售量上期比增長 5%」。

其中，同期比是與上一個統計週期的同期進行對比，如 2015 年第一季與 2014 年第一季銷售額進行對比；上期比是用現在的統計週期和上一個統計週期進行比較，如 2015 年 2 月與 2015 年 1 月銷售量進行對比。透過同期比指標可以反映出事物發展的相對情況；上期比指標可以反映事物逐期發展的情況。

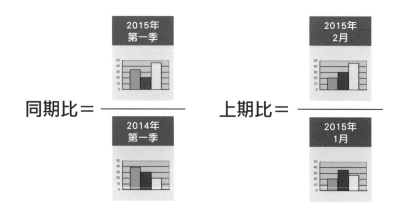

3 | 做一名圖表演繹大師

前面已經提到過，要做出一份合格的資料分析報告，重點之一就是「圖文並茂」。因為枯燥的資料讓人提不起興趣，而且難以理解，使閱讀者的閱讀效率低落，還容易產生理解偏差。要知道，人對文字和數字的理解、記憶能力遠遠不如圖像。

所以，為了做出精彩的資料分析報告，得到主管的賞識，努力成為一名 Excel 圖表演繹大師吧！

如何用圖表為資料說話

圖表是視覺溝通的一種表達方式。透過圖表，我們可以使枯燥的資料呈現出生動活潑的一面，幫助閱讀者理解和記憶。

有人會問：「聽說要精通 Illustrator、FreeHand、CorelDRAW、Photoshop、3ds Max……才能製作專業級圖表，可是我一個都不會啊！甚至都沒聽說過這些軟體怎麼辦？」其實不必緊張。

為專業雜誌等機構製作商業圖表的「專家」們，也許需要使用這些圖像處理軟體才能製作出「專家級」圖表，但作為一般的職場商務人士，我們沒有必要學習那些專業軟體，只要掌握了 Excel 的圖表製作技術，我們也完全可以成為一名專業的 Excel 商務圖表製作大師。

透過 Excel 的圖表製作功能，能夠直接產生的基礎圖表有柱狀圖、條狀圖、折線圖、散點圖、面積圖、氣泡圖、圓形圖、環形圖、雷達圖、曲面圖等。專業人士也許會認為 Excel 製作出的圖表簡陋、不夠專業，因此更喜歡使用一些專業軟體來製作圖表。但是，憑藉著 Excel 強大的自訂功能，我們完全可以製作出滿足商務需求的 Excel 圖表。因為在實際工作中，我們需要的僅僅是一張能夠準確、直覺地詮釋資料的簡單圖表，而不是一張過度加工，甚至干擾閱讀理解的「漂亮」圖表。

那麼，如何用 Excel 圖表為資料「說話」呢？

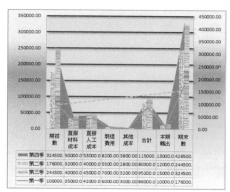

看看上面的兩張圖表，再結合實際工作情況不難發現，無論用什麼軟體製作圖表，在使用圖表為資料「說話」的過程中，都需要牢記以下幾點圖表製作原則。

1. 明確的主題

製作圖表的目的就是為了「讓資料說話」，因此，為了確保訊息傳遞的準確、高效率，製圖者需要在圖表中明確地表達出自己的觀點，例如在圖表中加上清楚的標題。

2. 一看就要懂

一張好的圖表需要的不是複雜的圖表類型、炫目的外觀樣式，而是用盡可能簡潔、直覺的圖表，清楚地表達出資料分析觀點，讓所有的人都能夠看懂圖表的意思，真正達到溝通的效果。

3. 注意小細節

一張好的圖表從外觀上就能看出與「業餘」圖表有所區別，可是真要說出不同點在哪裡，又不是那麼容易的一件事。簡單地說，最顯著的差別就是高手製作的圖表在細節處理上總是追求完美，每一個圖表元素的處理都一絲不苟，從細微處表現出圖表的專業性，而這往往是新手們想不到、也做不到的。

如何讓圖表更「專業」

前面說到，高手製作的圖表從細微處就能表現出圖表的專業性。下面就來看看，專業人士是如何打造商業圖表的。當然，在日常工作中，一般不會出現可怕的大魔王，要求一般職場人士交出製作精良的商業圖表，但是透過向商業圖表製作者學習和借鑒，可以快速提升我們的圖表製作技能，使我們的圖表看起來更專業。

1. 幫圖表換個顏色

在製作圖表時老是使用 Excel 的預設顏色，甚至連預設設定都懶得修改的絕對不是「專家」！活用 Excel 的「主題」功能變換配色方案，或者透過自訂顏色形成自己的用色風格，是呈現高手風範的第一步。當然，千萬別忘了我們要交出的是一張觀點明確、簡潔、直覺的圖表，而不是用軟體處理成如夢幻般的圖片。

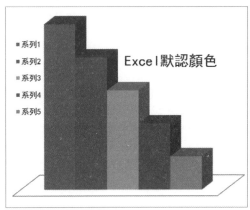
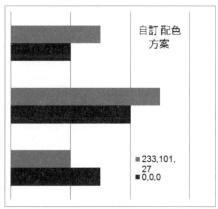

2. 別離不開預設佈局

Excel 的圖表製作功能很強大，可以直接產生多種基礎圖表，同時 Excel 內建了多種圖表佈局樣式，供使用者快速應用。但是預設的圖表佈局不一定就是合理的，常常有結構不夠突出、訊息量不足、空間利用率不夠高等問題。因此，想成為真正的圖表高手，就要學會隨機應變，透過 Excel 強大的自訂功能修改佈局，使其更加合理。

以下面兩張圖表的佈局為例，左圖直接使用了 Excel 內建的佈局樣式，右圖則根據商業圖表的佈局特點自訂了佈局樣式，我們可以很清楚地看到預設佈局的不足之處，以及商業圖表佈局在圖表結構、資訊傳遞、空間利用等方面的優勢。

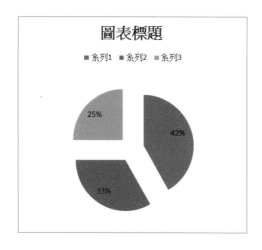 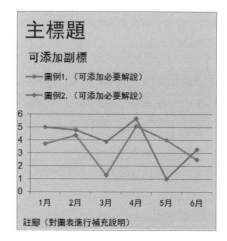

3. 不要小看了字體

預設情況下，Excel 中新增圖表的標題、圖例等文字部分字體為「明體」，並且在需要突出顯示的部分，如標題處，預設應用「加粗」格式。

很多人在製作圖表時忽略了這一點，保持了這種預設設定，因而製作出的圖表最多只能打 90 分，難以獲得「專家」級評價。這是因為這種預設字體在其他電腦或顯示裝置上顯示時，可能出現變形；在列印或印刷時，其實際列印效果與電腦上顯示的預覽效果之間可能有較大的偏差。

因此，為了使圖表呈現出更加專業的效果，應該為其設定更專業的字體。建議將中文文字設定為「黑體」，將英文與數字設定為「Arial」字體或「Arial Black」字體。下圖是在字型大小相同的情況下，幾種字體的效果對比。

宋體	1234567	English
宋體加粗	**1234567**	**English**
黑體	1234567	English
Arial	1234567	English
Arial Black	**1234567**	**English**

4. 精心處理你的圖表資料

要做好一張圖表，可不是「看起來還不錯」就可以的。我們知道，高手在製作圖表時會對圖表細節進行一絲不苟的處理，那麼，在圖表中最重要元素的是什麼？答案很簡單，就是資料，因為圖表最終是為資料服務的，製作圖表就是為了展示資料。

來看看圖表專家們是如何精心處理圖表上的資料，使圖表更加完美。這些一般人容易忽略的細微處可以為我們提供處理圖表資料的思維和方向。

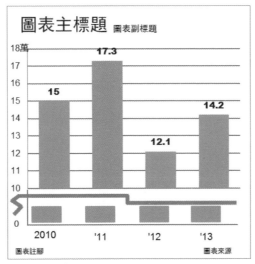

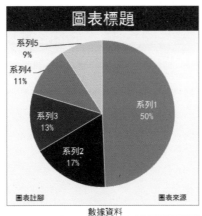

數據資料				
系列1	系列2	系列3	系列4	系列5
49.1001	17.05	13.0001	11.06	9.21
49%	17%	13%	11%	9%

◆巧妙處理座標軸

圖表專家們會根據實際情況對座標軸進行巧妙的處理。例如，一般來說，圖表橫／縱座標的起點是「0」，但是在需要突出顯示數據差異的情況時，圖表高手會用專業的手法對座標軸進行截斷處理。同時，為了使座標軸標籤更簡潔，更便於閱讀，也可以對其進行適當處理。例如：當標籤為連續的年份如「2009、2010、2011、2012、…」時，可以將其修改為「2009、'10、'11、'12、…」；當縱座標標籤帶有「％」、「＄」等符號時，可以只在最上面的刻度上顯示該符號，在其他標籤處省略符號，只顯示數字。

◆不吝於提供註釋

按照專業圖表的佈局方式，完全可以滿足在圖表中新增註釋的需要，因此，在圖表中不要吝於提供必要的註釋。在有必要說明的地方標註「＊」等符號或上標數字「1」等，然後在註腳區域說明即可。

◆小心檢查四捨五入

如果為了設定小數字數進行了四捨五入的計算，就要注意檢查各項之和是否等於總額。以圓形圖為例，因為預設設定保留小數點後 2 位數，有時會出現各項之和不等於 100% 的錯誤。儘管 Excel 強大的圖表功能會自動提示使用者修正這種錯誤，但是為了避免與資料來源產生過大的誤差，或被動發現錯誤造成損失，可以在圖表或表格中註明「由於進行四捨五入，各資料之和可能不等於 100%（總額）」。

◆標明資料來源

如果認真對比過商業圖表和一般圖表，就會發現，在專業的圖表中，製圖者總會記得在註腳末尾為圖表標註資料來源，進而表現出圖表的專業性。當然，對於一般的商務圖表來說，這並不是必須的。

4 | 改造 Excel 工作介面

在使用 Excel 的過程中，你是否遇到過這樣的問題：Excel 預設的工作介面用起來總覺得不順手；找不到【開發工具】索引標籤；需要用的命令不在功能區裡；不喜歡 Excel 預設的顏色選項，可是每次都要自訂顏色，太麻煩了……

其實，解決這些問題的方法很簡單，就是打造屬於自己的 Excel。按照個人的操作習慣設定好工作介面，修改好 Excel 的各種預設設定，就可以為今後的工作帶來極大的便利。

所以，想要提高工作效率，就打起精神來，自訂「順手」的 Excel 工作環境吧！

▌改造 Excel 功能區

Excel 的工作介面主要包括標題列、功能區、儲存格名稱框和編輯欄、工作表編輯區、狀態列等部分。其中，在功能區的各個索引標籤中集合了絕大部分功能按鈕。

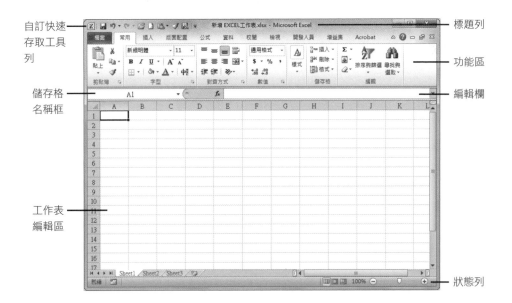

因此，為了讓 Excel 使用起來更「順手」，在打造屬於自己的 Excel 時，第一步就是改造功能區。切換到【檔案】索引標籤，點擊左側的「選項」命令，會開啟「Excel 選項」對話框，在「自訂功能區」標籤中可以對功能區進行個性化設定，如執行新增索引標籤、新增命令群組、新增與刪除命令、隱藏與顯示索引標籤等操作，完成後按一下〔確定〕按鈕即可。

◆顯示與隱藏索引標籤

在右側的「自訂功能區」清單方塊中勾選或取消勾選索引標籤名稱前的核取方塊，即可設定在 Excel 的功能區中顯示或隱藏該索引標籤。

◆新增索引標籤或群組

按一下「自訂功能區」清單方塊底部的〔新增索引標籤〕按鈕，可以新增自訂索引標籤；按一下〔新增群組〕按鈕，可以新增自訂群組。

◆重新命名索引標籤或群組

選取清單方塊中的索引標籤或群組，按一下「自訂功能區」清單方塊底部的〔重新命名〕按鈕，即可進行重新命名操作。

◆調整索引標籤或群組的位置

在「自訂功能區」清單方塊中選取需要移動位置的索引標籤或群組，使用滑鼠左鍵按住不放，將其拖曳到適當位置，放開滑鼠左鍵即可。

◆新增命令

在左側的「在此選擇命令」清單方塊中選取命令，在右側的「自訂功能區」清單方塊中選擇命令新增到的位置，然後按一下〔新增〕按鈕即可。需要注意的是，命令只能新增到新增的自訂索引標籤或自訂群組中。

◆刪除命令、群組或索引標籤

在右側的「自訂功能區」清單方塊中選取需要從功能區中刪除的命令、群組或索引標籤，按一下〔移除〕按鈕即可。需要注意的是，Excel 預設的功能區命令在清單方塊中呈灰色顯示，是無法單獨移除的，但可以刪除命令所在的群組或整個索引標籤。

◆重設功能區

按一下〔重設〕按鈕，執行相關的命令，可以恢復選取的功能區索引標籤到預設狀態，或者恢復整個功能區和快速存取工具列到預設狀態。

TIPS 在「Excel 選項」對話框中自訂「快速存取工具列」的方法與設定 Excel 功能區的方法類似，切換到「快速存取工具列」索引標籤，選取命令後按一下〔新增〕、〔移除〕、〔重設〕等按鈕，即可執行相關的操作。

讓「預設設定」更順手

不喜歡 Excel 預設的介面顏色；新增活頁簿時預設的字體和字型大小不符合需要；文件預設的儲存位置在本機電腦的 C 槽，可是磁碟空間不足；在使用公式的時候，想要讓計算結果為零的儲存格不顯示出「0」等這些情況，Excel 的預設設定如此「不順手」，還等什麼？立馬修改！

在 Excel2010 中，大多數設定都集中到了「Excel 選項」對話框裡。切換到【檔案】索引標籤，執行「選項」命令，打開「Excel 選項」對話框後，可以看到其中包含了【一般】、【公式】、【校訂】、【儲存】、【語言】、【進階】等索引標籤，在相關的索引標籤中，可以修改 Excel 的相關設定，完成後按一下〔確定〕按鈕即可。

另外，要修改 Excel 文件的預設儲存類型、儲存路徑和自動儲存時間間隔，你可以這樣做。

Step 1 打開「Excel 選項」對話框，切換到【儲存】索引標籤。

Step 2 在「儲存活頁簿」欄的「以此格式儲存檔案」下拉清單中設定文件的預設儲存類型。

Step 3 在「儲存自動回復資訊時間間隔」框中設定自動儲存時間間隔。

Step 4 在「預設檔案位置」文字方塊中設定文件的預設儲存路徑。

Step 5 設定完成後按一下〔確定〕按鈕。

Excel 快速鍵小技巧！
TIPS 按下〔Ctrl〕+〔PageUp〕可以敲換到左邊的工作表；〔Ctrl〕+〔PageDown〕則可以往右切換。

Excel 快速鍵小技巧！
TIPS 如果同時開了很多個 Office 檔案要對照資料，可以按下〔Ctrl〕+〔F6〕在同類型的檔案之間切換，或是按住〔Alt〕再連續按〔Tab〕在不同的程式之間切換。

玩轉自訂顏色

在製作 Excel 表格和圖表的過程中離不開顏色面板，要設定字體顏色、表格邊框顏色、儲存格背景色、形狀填充色、圖表系列顏色等，都需要用到它。同時，要做出專業級的 Excel 表格和圖表，也需要使用專業級的配色方案，Excel 預設的顏色設定不能滿足「專家」們的需求。接著就來看看如何 3 步搞定你的顏色面板，隨心所欲地玩轉配色方案。

1. 快速選擇與精確設定顏色

在製作表格和圖表時，Excel 預設的顏色不能滿足需要？那就打開顏色面板，執行面板底部的「其他顏色」命令，在打開「顏色」對話框中自訂顏色。

在「顏色」對話框的【標準】索引標籤中，提供了 141 種顏色供用戶快速選擇。切換到【自訂】索引標籤，可以在其中精確設定顏色。設定好顏色後按一下〔確定〕按鈕，就能使用該顏色。同時，設定的顏色會出現在顏色面板的「最近的顏色」欄中，更便利操作。

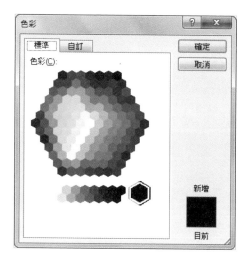
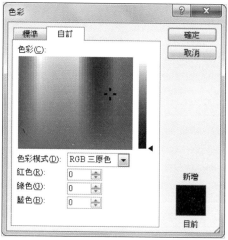

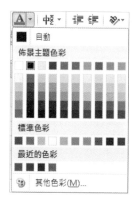
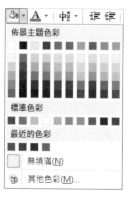

TIPS 在 Excel 中可以透過 RGB 模式（用一組代表紅、綠、藍三色比重的 RGB 代碼來確定顏色）和 HSL 模式（用一組代表色調、飽和度、亮度比重的代碼來確定顏色）精確設定顏色。

2. 切換「主題」來更改配色方案

有人說：「不用預設顏色，就得一個一個地設定自訂顏色，實在是太麻煩了！」還有
人說：「什麼是專家級的配色方案？我又不是專業的美工！」其實這些都不是問題。
因為 Excel 2010 引入了「主題」的概念，並且提供了多個「主題」供使用者應用。

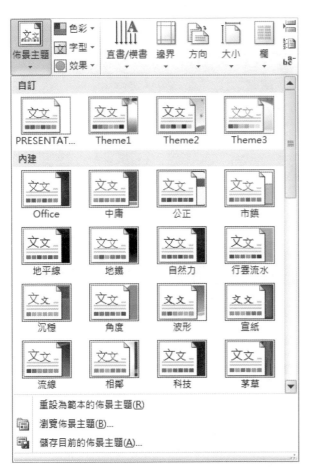 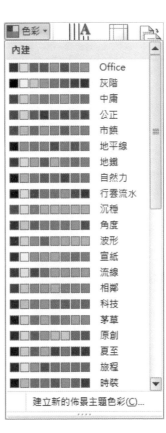

在【版面配置】索引標籤中展開「佈景主題」下拉選單，可以選擇已經設定好顏色、
字體和效果的「主題」進行輕鬆切換。這類似於某些軟體的「更換主題」功能，在切
換「主題」後，文件中的顏色、字體和效果等相關的物件會自動進行變換。當然，如
果僅僅需要更改配色方案，可以展開主題「顏色」下拉選單，單獨切換「主題顏色」。

3. 新增你的主題顏色

終極絕招——我們還可以將常用的配色方案新增為一個自訂的「主題顏色」，這樣在選擇該主題顏色後，就可以透過顏色面板快速取用。建立主題顏色的步驟如下。

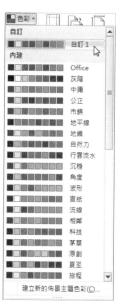

Step 1 切換到【版面配置】索引標籤，點選色彩下拉選單中的「建立新的佈景主題色彩」。

Step 2 在「建立新的佈景主題色彩」對話框的「名稱」文字方塊中輸入新增主題顏色的名稱。

Step 3 展開要設定的顏色專案的顏色面板，根據需要自訂顏色，此時在右側的「範例」瀏覽框中可以查看到配色效果。

Step 4 設定完成後按一下〔儲存〕按鈕。

Step 5 再次點選「色彩」下拉選單，就可以看到並選擇新增的主題顏色了。

> **TIPS** 在「色彩」下拉選單中，使用滑鼠按右鍵主題顏色，可以對其進行編輯、刪除或新增到快速存取工具列等操作。

Chapter2
就從輸入資料開始吧！

俗話說得好：「千里之行，始於足下」。想做一名 Excel 達人？想玩轉資料分析和圖表演繹？沒問題。讓我們一起來踏出第一步——搞定資料輸入吧！

1 | 輸入資料的學問

有人會說：「資料輸入有什麼難的？不就是輸入字嗎？誰還不會敲鍵盤？」那你可就錯了。

因為無論老闆要我們交的是 Excel 報表還是圖表報告，總要先獲取資料，製作出一張來源資料表，我們才能開始資料分析和圖表製作。

若要做一張來源資料表，從簡單的角度說，這就是輸入資料，不過卻關係到後面的工作能不能做好。拿著一張錯誤的來源資料表，事倍功半還是小事，做不出需要的報表和圖表才讓人鬱悶。

總之，只有搞懂資料輸入，才能做出一張讓人滿意的來源資料表，為後面的工作打好基礎。

好報表不只是一張表

有人會問：「什麼是來源資料表？我要做的是分類匯總表，而不是來源資料表呀？」

這是沒搞清楚來源資料表和分類匯總表的關係。來看看下面的兩張表，左圖為分類匯總表，右圖為來源資料表。

▲分類匯總表　　　　　▲來源資料表

分類匯總表是怎麼做出來的？Excel 新手會說：「我拿著紙本的銷售情況記錄和計算機，算了一個下午整理出來的！什麼？還要按員工姓名分類匯總一次！？不要啊！」

高手會說：「我只需要 10 分鐘做好一張來源資料表。要按銷售日期分類匯總？還要按員工姓名匯總？簡單，給我半分鐘時間。」

高手輕鬆搞定的祕訣就在第二張表上——來源資料表。有了這張來源資料表，利用 Excel 強大的資料分析功能和圖表功能進行分類匯總、篩選資料和圖表演繹都沒有問題。所以，你最需要的是一張讓人滿意的來源資料表。

先來診斷資料表

該如何診斷資料表呢？主要需要檢查兩個部分，一是資料表的構成，二是從儲存格的內容。

1. 讓資料表有一說一

多觀察幾張資料表就不難發現，它們大多是由欄位和資料構成的。從資料分析的角度來理解以下內容。

◆**欄位**：事物或現象的某種特徵，如「地區」、「年份」、「銷售量」、「員工姓名」、「產品名稱」等，在統計學中稱為變數。

◆**資料**：事物或現象某種特徵的呈現，如「地區」可以是台北、台中或高雄等，「年份」可以是 2010 年、2011 年或 2012 年等，在統計學中稱為變數值。

瞭解了欄位和資料後，我們就可以說說資料表了。下面兩張表都是某品牌空調的銷售業績表，單從資料上看，沒有什麼差別。但是它們一個是一維統計表，一個是二維統計表。從資料分析的角度看，用二維形式儲存資料的資料表是不及格的。

	A	B	C
1	地區	年份	銷售量
2	台北	2010	6890
3	台南	2010	6577
4	台中	2010	7550
5	高雄	2010	9852
6	台北	2011	7782
7	台南	2011	5466
8	台中	2011	4568
9	高雄	2011	8744
10	台北	2012	7845
11	台南	2012	4468
12	台中	2012	7983
13	高雄	2012	8766

▲一維統計表

	A	B	C	D
1	地區	2010年	2011年	2012年
2	台中	7550	4568	7983
3	台北	6890	7782	7845
4	台南	6577	5466	4468
5	高雄	9852	8744	8766

▲二維統計表

怎麼區分一維統計表和二維統計表？為什麼二維統計表不利於進行資料分析？答案很簡單。

一維統計表和二維統計表裡的「維」是指分析資料的角度。具體地說，一維統計表的列標籤是欄位，表中的每個指標對應了一個值，比如上面的銷售業績一維統計表，第3行中，地區對應的是台中，年份對應的是 2010，銷售量對應的是 7550。而在二維統計表裡，列標籤的位置上放上了 2010 年、2011 年和 2012 年，它們本身就是「年份」對應的資料。

設想一下，在上面兩張表的基礎上找到銷售量最高的是哪一年、哪個地區。在一維統計表中，只需利用 Excel 的排序功能對銷售量排序即可，簡單清楚，兩秒鐘搞定。而在二維統計表中，情況無疑變得複雜了。

所以，為了高效地完成工作，我們要讓資料表有一說一。

2. 讓儲存格有一說一

在 Excel 表格中，儲存格可以說是最基本的單位，說到「表格」，正是由這一個個儲存格及其中的資料組合起來成為「表」的。

這是一張期末成績表。

	A	B	C
1	姓名（學號）	國語、數學、英文	平時成績
2	王一（1200101）	118、132、104	19
3	董二（1200102）	122、102、99	20
4	李三（1200103）	114、98、107	17
5	張四（1200104）	98、112、104	20
6	蔣五（1200105）	118、122、94	20
7	周六（1200106）	133、129、119	19
8	趙七（1200107）	117、98、110	20
9	江八（1200108）	110、120、121	18

成績表

拿到這樣一張表，你有什麼想法？利用這樣一張表，還能做出學生單科成績排名和綜合成績排名嗎？能統計出各科不及格人數嗎？

Excel 新手會說：「不知道，好像不行？」高手會說：「讓我先把這張表整容了再說！」所謂整容，就是讓一個儲存格裡「住」一個資料，避免資料擠在一個儲存格裡「打架」，進而影響後面的資料分析和處理工作。只有把上面的資料表處理成下面一張表格的樣子，才可能進行進一步的資料分析和處理工作。

	A	B	C	D	E
1	姓名（學號）	國語	數學	英文	平時成績
2	王一（1200101）	118	132	104	19
3	董二（1200102）	122	102	99	20
4	李三（1200103）	114	98	107	17
5	張四（1200104）	98	112	104	20
6	蔣五（1200105）	118	122	94	20
7	周六（1200106）	133	129	119	19
8	趙七（1200107）	117	98	110	20
9	江八（1200108）	110	120	121	18

成績表

因此，為了利用 Excel 更好、更快地完成工作，請一定要讓儲存格有一說一。

TIPS 拿到這樣一張資料表之後，有什麼好辦法能夠拯救它？我們將在 Chapter3 中詳細介紹。

一次加入多筆資料

在 Excel 表格的儲存格中輸入資料，最基本的方法就是將游標定位到儲存格中，直接輸入資料，然後按〔Enter〕鍵（游標移動到下方儲存格）或按〔Tab〕鍵（游標移動到右方儲存格）確認輸入。

 TIPS 按兩下儲存格定位游標，然後輸入資料，或是透過上方編輯欄輸入資料，更適合在需要修改部分資料時使用。

那麼，假設有一張擁有 300 行資料的學生成績表需要輸入序號，這是否意味著，我們最少需要在 300 個儲存格中依次輸入「1」到「300」，並按 300 次〔Enter〕鍵？當然不可能！

因為 Excel 為用戶提供了方便的數列和填充功能，利用它，用戶可以輕鬆地完成上面的工作。

▲在 Excel 中，預設情況下，這項功能是處於啟用狀態的。如果需要取消功能（以 Excel2010 為例），方法為：啟動 Excel 後，切換到【檔案】索引標籤，按一下「選項」命令，然後在跳出的「Excel 選項」對話框中，切換到【進階】索引標籤，就可以在「編輯選項」中取消勾選「啟用填滿控點與儲存格拖放功能」核取方塊，然後按一下〔確定〕按鈕，即可取消該功能。

1. 左鍵拖曳填充

透過 Excel 填滿控點進行數列填充的方法很簡單，舉個例子：在 A2 和 A3 儲存格中輸入 1、2，為後續產生等差數列確定間距「1」，然後選取 A2:A3 儲存格區域，將滑鼠指標移動到 A3 儲存格右下角，當滑鼠指標變為「＋」時，按住滑鼠左鍵拖曳到 A11 儲存格，放開滑鼠即可。

◀你會發現，在拖曳滑鼠的過程中，滑鼠指標右下角會出現一個數字，提示拖曳數列到目前儲存格的數值。

◀而拖曳填滿控點到目標儲存格並放開滑鼠後，將出現一個「自動填充選項」按鈕。按一下這個按鈕，就可以展開填充選項清單，按一下選擇其中的選項，就可以輕鬆地改變資料的填充方式。

> 打開「Excel 選項」對話框，切換到【進階】索引標籤，在「剪下、複製和貼上」欄中，取消勾選「內容貼上時顯示貼上選項按鈕」核取方塊，然後按一下〔確定〕按鈕，即可關閉「自動填充選項」功能。

2. 右鍵拖曳填充

與使用滑鼠左鍵不同，按住滑鼠右鍵拖曳 Excel 填滿控點到目標儲存格，放開滑鼠後，將會跳出一個快速選單。

▲在這個快速選單中，Excel 為我們提供了更靈活的填充方式。

舉個簡單的例子，在出勤表裡輸入日期的時候，你是對著日曆一個個地輸入，邊輸入邊排除週六和週日，還是用填滿控點拖曳填充日期之後，再把週六和週日刪除？對於 Excel 高手來說，只需要輸入一個起始日期，按住滑鼠右鍵輕鬆拖曳，然後用「數列」對話框進行設定，使輸入「日期單位」為「工作日」就立馬搞定。

▲在快速選單中，按一下「數列」命令，就可以打開「數列」對話框，透過設定間距值等，巧妙地輸入各種數列。

3. 自訂填充數列

千萬別以為 Excel 填滿控點只能應付數字和日期之類的資料，對欄位資料的快速填充也同樣能夠輕鬆勝任。

	A	B
1	財務部	
2	人力資源部	
3	業務部	
4	總經理室	
5	編輯部	
6		
7		
8		
9		
10		
11		
12		

	A	B
1	財務部	
2	人力資源部	
3	業務部	
4	總經理室	
5	編輯部	
6		
7		
8		
9		
10		
11		編輯部
12		

	A	B
1	財務部	
2	人力資源部	
3	業務部	
4	總經理室	
5	編輯部	
6	財務部	
7	人力資源部	
8	業務部	
9	總經理室	
10	編輯部	
11		
12		

此外，Excel 有一個絕招——自訂填充數列。透過自訂填充數列，特殊資料一樣能一拖搞定，步驟如下。

	A	B
1	亞洲	
2	歐洲	
3	非洲	
4	南美洲	
5	北美洲	
6	大洋洲	
7	南極洲	
8		
9		
10		

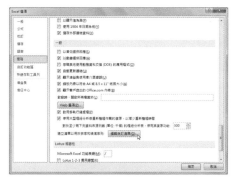

Step 1 啟動 Excel，在儲存格中輸入作為填充數列的資料清單，並選取已輸入資料的儲存格。

Step 2 在【檔案】索引標籤中執行「選項」命令，在跳出的「Excel 選項」對話框中切換到【進階】索引標籤，找到「一般」欄，按一下其中的「編輯自訂清單」按鈕。

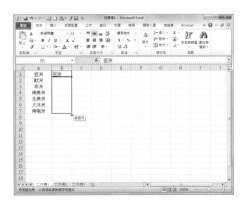

Step 3 此時會跳出「自訂數列」對話框，按一下〔匯入〕按鈕，將選取的資料清單匯入「自訂清單」方塊中，再按下〔確定〕按鈕。

Step 4 返回工作表，就可以利用自訂的填充數列快速輸入資料了。

TIPS Excel 系統內建了一些「自訂數列」，包括天干、地支、星期等常用資料數列，方便使用者進行資料輸入。

複合鍵讓你事半功倍

填滿控點雖然好用，可是只能對付連續的儲存格，要想在不連續的多個儲存格裡快速輸入資料，就沒有快速的好辦法嗎？對 Excel 高手來說，當然有辦法。

舉個例子，這裡有一張調查問卷統計表需要輸入答案，答案是 a 和 b 的都已經輸入，剩下的空白儲存格中全部需要輸入 c。怎樣提高手動輸入 c 的效率呢？

	A	B	C	D	E	F
1	問卷序號	題1	題2	題3	題4	題5
2	1	a		b	b	b
3	2		b	a		a
4	3	a	a	b		b
5	4		a		a	a
6	5	a		b	b	
7	6		b	a		a
8	7	b	a			a
9	8		b	b	b	b

高手會利用〔Ctrl〕+〔Enter〕複合鍵，在不連續的多個儲存格裡快速輸入相同的資料。方法很簡單。

	A	B	C	D	E	F
1	問卷序號	題1	題2	題3	題4	題5
2	1	a		b	b	b
3	2		b	a		a
4	3	a	a	b		b
5	4		a		a	a
6	5	a		b	b	
7	6		b	a		a
8	7	b	a			a
9	8		b	b	b	b

Step 1 在按住〔Ctrl〕鍵的同時按一下這些空白儲存格將它們全部選取。

	A	B	C	D	E	F
1	問卷序號	題1	題2	題3	題4	題5
2	1	a		b	b	b
3	2		b	a		a
4	3	a	a	b		b
5	4		a		a	a
6	5	a		b	b	
7	6		b	a		a
8	7	b	a			a
9	8	c	b	b	b	b

Step 2 鬆開〔Ctrl〕鍵，在最後一個選取的儲存格中輸入 c。

	A	B	C	D	E	F
1	問卷序號	題1	題2	題3	題4	題5
2	1	a	c	b	b	b
3	2	c	b	a	c	a
4	3	a	a	b	c	b
5	4	c	a	c	a	a
6	5	a	c	b	b	c
7	6	c	b	a	c	a
8	7	b	a	c	c	a
9	8	c	b	b	b	b

Step 3 別忙著按下〔Enter〕鍵確認，而是改按〔Ctrl〕+〔Enter〕複合鍵確認輸入，即可看到選取的儲存格中全部輸入了c。

▍輸入函數其實沒那麼難

要做一名 Excel 高手，就離不開函數的應用。而一提到函數，有人就覺得眼前飛過了無數「你不認識他，他也不認識你」的高深的函數知識，只想叫救命。

其實函數沒這麼可怕。簡單地說，一個函數通常包含識別字、函數名和參數這幾部分，比如「=IF（B3>A3,1,0）」，其中「=」是識別字，「IF」是函數名，「B3>A3」、「1」和「0」是參數。在 Excel 中，函數的作用其實就是讓指定的資料按照一定的規則作業，最終轉化成我們需要的結果。這個規則就是一些預定義的公式。

那麼，為了在 Excel 中輸入函數，是不是需要抱著厚厚一本「函數大辭典」死記硬背函數名？或者每逢要用到函數的時候，都翻「字典」？其實不必。因為 Excel 提供了強大的函數自助功能，我們只要瞭解了函數的基本功能和使用方法，多用幾次，就能掌握如何在 Excel 中使用函數了。

1. 快速找到所需的函數

透過 Excel 的函數功能輸入函數，方法很簡單：將游標定位到需要輸入函數的儲存格中，切換到【公式】索引標籤，然後按一下〔插入函數〕按鈕，就會跳出「插入函數」對話框，在其中選擇需要的函數，按一下〔確定〕按鈕，即可將函數插入表格中。

在「選擇函數」清單方塊中選取某個函數後，該函數的相關資訊就會出現在下方的說明欄中。
TIPS

如果你剛好只知道某個函數的類別或者功能，不知道函數名怎麼辦？可以試試看以下這 2 種方法喔！

▲按一下下拉選單打開「或選取類別」下拉式清單方塊，按類別尋找。

▲在「搜尋函數」文字方塊中輸入所需要的函數功能，然後按一下〔開始〕按鈕，在「選擇函數」清單方塊中就會出現系統建議採用的函數。

說明欄的函數資訊太「深奧」了，看不懂怎麼辦？可以打開「Excel 幫助」網頁，其中對函數有十分詳細的介紹，並提供了範例，足以滿足大部分人的需求。

▲在「選擇函數」清單方塊中選取某個函數後，按一下「插入函數」對話框左下方的「函數說明」連結。

▲直接在該網頁的「搜尋」文字方塊中輸入函數名或函數功能，按一下〔搜尋〕按鈕，也可獲得相關的幫助。

2. 利用提示功能快速輸入函數

如果你對函數不是一無所知，已經能夠熟練尋找並插入需要的函數，那麼，你可以開始嘗試利用函數提示功能快速輸入函數，按照步驟試試看吧！

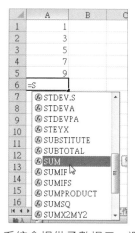

Step 1 將游標定位到需要輸入函數的儲存格中，輸入「=」，然後輸入函數的首字母。

Step 2 系統會提供函數提示，選取需要的函數，並按兩下，即可將其輸入到儲存格中。

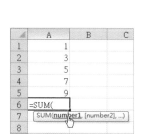

Step 3 輸入函數後，可以看到進一步的函數語法提示，其中有函數的參數資訊，這時可以根據提示輸入公式和參數。

Step 4 輸入完成後，按下〔Enter〕鍵，就能夠得到計算結果。

TIPS 在輸入函數公式的過程中，如果需要在其中輸入儲存格位址，只需單擊該儲存格，就可以將儲存格位址引用到公式中。

3. 利用「函式程式庫」快速輸入函數

還有一個快速輸入函數的方法：選取目標儲存格，切換到【公式】索引標籤，在「函數程式庫」群組中可以根據需要展開相關的函數類型下拉清單，按一下需要輸入的函數即可。

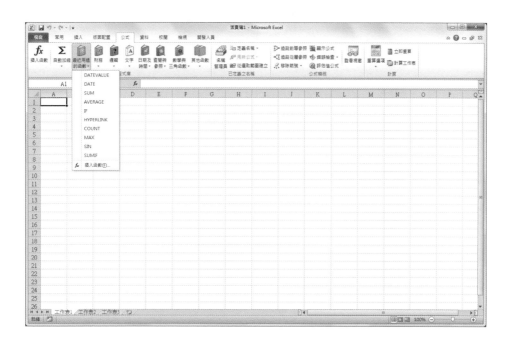

搞懂儲存格引用的邏輯

在輸入函數公式計算資料時，會涉及儲存格引用。什麼是儲存格引用？簡單地說，就是在 Excel 公式中，使用儲存格的位址來代替儲存格和其中的資料。儲存格引用的作用就在於標識工作表上的儲存格或儲存格區域，並且指明公式中所用的資料在工作表裡的位置。

1. 相對引用、絕對引用與混合引用

通常情況下，儲存格的引用分為相對參照、絕對引用和混合引用，很容易就能將它們區分開來。

◆**相對引用**：在相對參照的情況下複製公式，可以看到貼上到新儲存格的公式中，引用的儲存格位址更新了，指向一個和當前公式位置相對應的儲存格。

C1			f_x	=A1+B1
	A	B	C	D
1	1	1	2	
2	2	2		
3				

C2			f_x	=A2+B2
	A	B	C	D
1	1	1	2	
2	2	2	4	
3				

◆**絕對引用**：在絕對引用的情況下複製公式，可以看到貼上到新儲存格的公式中，引用的儲存格地址保持不變，並且，絕對引用的儲存格地址在行號和列標前會加入符號「$」標識，形如「$A$1」。

C1			f_x	=$A$1+$B$1
	A	B	C	D
1	1	1	2	
2	2	2		
3				

C2			f_x	=$A$1+$B$1
	A	B	C	D
1	1	1	2	
2	2	2	2	
3				

◆**混合引用**：若相對參照和絕對引用同時存在於一個儲存格位址引用中，就是混合引用，此時複製公式，其中絕對引用的部分保持不變，而相對參照的部分會相關地更新，形如「$A1」。

C1			f_x	=$A1+$B1
	A	B	C	D
1	1	1	2	
2	2	2		
3				

C2			f_x	=$A2+$B2
	A	B	C	D
1	1	1	2	
2	2	2	4	
3				

TIPS 這裡有一個在儲存格位址中快速輸入「$」符號的小技巧，就是將游標定位到輸入的儲存格位址，如「A1」中，然後按下〔F4〕鍵，即可在儲存格位址的行號和列標前加入「$」符號，使其變成「$A$1」，此時第2次、第3次按下〔F4〕鍵，會使其變更為「$A1」或「A$1」，而第4次按下〔F4〕鍵，就會回到相對參照的狀態。

2. 利用儲存格引用快速輸入資料

如果覺得儲存格引用的概念比較抽象，不好理解，下面舉個例子，來體會一下〔F4〕鍵的妙用，或者說，如何巧妙地利用相對引用、絕對引用和混合引用，達到事半功倍的目的，成為玩轉 Excel 表格輸入的高手。

在 Excel 中，我們不僅可以在同一張工作表中引用儲存格或儲存格區域的資料，還可以實現在同一活頁簿中跨工作表引用，甚至跨活頁簿引用。

我們手上有一張 100 行的「薪資統計表」，需要在其中輸入員工請假扣除的薪資，同時，我們有一張已經輸入了資料的「請假統計表」。在兩張表中，行與行資料可以一一對應的情況下，我們可以在「薪資統計表」裡引用「請假統計表」中的相關儲存格位址，提高輸入效率。比起對大宗資料進行複製、貼上，或者對有函數公式的儲存格資料進行複製、貼上，這樣的操作更能避免人為失誤造成的錯誤。無論這兩張表是否在同一個活頁簿中，方法都一樣。

	A	B	C	D	E	F	G
1	員工姓名	應發薪資	勞保扣除	加班補貼	餐費	請假扣除	實發薪資
2	甲一	1800	170	100	100	=	
3	乙二	1800	170	0	100		
4	丙三	1800	170	50	100		
5	丁四	1800	170	50	100		
6	戊五	1800	170	50	100		
7	己六	1800	170	50	100		
8	庚七	1800	170	100	100		
9	辛八	1800	170	100	100		
10	壬九	1800	170	100	100		
11	癸十	1800	170	0	100		
12	甲十一	1800	170	0	100		
13	乙十二	1800	170	0	100		
14	丙十三	1800	170	50	100		

Step 1 將游標定位到需要輸入函數的儲存格中，輸入「=」。

DAYS360 ▼ × ✔ fx =請假統計表!D2

	A	B	C	D	E
1	員工姓名	請假事由	請假天數	應扣薪資	
2	甲一	病假	1	50	
3	乙二			0	
4	丙三	公休	2	0	
5	丁四	病假	0.5	25	
6	戊五	事假	3	150	
7	己六	公休	3	0	
8	庚七			0	
9	辛八			0	
10	壬九	事假	1	50	
11	癸十	公休	2	0	
12	甲十一			0	
13	乙十二			0	
14	丙十三	事假	1	50	

Step 2 切換到「請假統計表」，選取相關的儲存格，按下〔Enter〕鍵，即可完成儲存格數據的引用。

	A	B	C	D	E	F	G
	員工姓名	應發薪資	勞保扣除	加班補貼	餐費	請假扣除	實發薪資
2	甲一	1800	170	100	100	50	
3	乙二	1800	170	0	100		
4	丙三	1800	170	50	100		
5	丁四	1800	170	50	100		
6	戊五	1800	170	50	100		
7	己六	1800	170	50	100		
8	庚七	1800	170	100	100		
9	辛八	1800	170	100	100		
10	壬九	1800	170	100	100		
11	癸十	1800	170	0	100		
12	甲十一	1800	170	0	100		
13	乙十二	1800	170	0	100		
14	丙十三	1800	170	50	100		

F2 = 請假統計表!D2

Step 3 此時按下〔Enter〕鍵，就完成儲存格資料的引用。

	A	B	C	D	E	F	G
1	員工姓名	應發薪資	勞保扣除	加班補貼	餐費	請假扣除	實發薪資
2	甲一	1800	170	100	100	50	
3	乙二	1800	170	0	100	0	
4	丙三	1800	170	50	100	0	
5	丁四	1800	170	50	100	25	
6	戊五	1800	170	50	100	150	
7	己六	1800	170	50	100	0	
8	庚七	1800	170	100	100	0	
9	辛八	1800	170	100	100	0	
10	壬九	1800	170	100	100	50	
11	癸十	1800	170	0	100	0	
12	甲十一	1800	170	0	100	0	
13	乙十二	1800	170	0	100	0	
14	丙十三	1800	170	50	100	50	

Step 4 根據需要按下〔F4〕鍵修正儲存格引用方式，再利用填滿控點功能拖曳，達到快速輸入資料的目的。

NOTE 同一活頁簿中跨工作表引用和跨活頁簿引用這兩種方式，顯示出的引用位址有所不同。在同一活頁簿的不同工作表中引用儲存格，引用地址的一般格式為「工作表名稱！儲存格地址」，如「＝請假統計表!$D2」；在跨活頁簿引用儲存格位址時，一般格式為「活頁簿存儲位址 [活頁簿名稱] 工作表名稱！儲存格位址」，如「＝[請假記錄表 .xlsx] 請假記錄表 !$D2」。

▍善用註解傳達訊息

在製作表格的時候，有些儲存格資料屬性複雜，需要進行特別的說明，此時可以使用註解。

例如公司生產的食品裡包括泡椒鳳爪、麻辣豆干和川味牛肉干這 3 種產品，根據一週銷量，可以視情況增加日產量，由於不同產品的增產標準各不相同，情況複雜，所以就在備註欄的相關儲存格中插入註解加以說明。

需要注意的是，對各種複雜情況進行註解說明時，要抓住關鍵的要素。比如，公司每個月允許員工請假 1 天而不扣工資，這個月裡，員工小李請了 2 天假，理由是半歲大的兒子生病住院，她跟家裡人輪換著到醫院照顧。同時，因為公司的管理很人性化，考慮到小李家裡有哺乳期的幼兒要照顧，特別批准她超出一天假不扣薪水。

要將以上內容編輯為註解插入到「員工請假明細表」的「應扣工資」項時，當然不可能按照上面的描述方式編寫註解，因為對「應扣工資」項進行說明時，重點不是小李因什麼事請假，而是公司特別批准了不扣她的薪水，比較恰當的寫法是：情況特殊，公司批准超出一天假期不扣薪水。

來看看在 Excel 中使用註解的方法。

◆ **新增註解**：選取要新增註解的儲存格，按一下滑鼠右鍵，在跳出的快速選單中執行「插入註解」命令，此時出現註解編輯方塊，在其中輸入註解內容，完成後按一下工作表中的其他位置，退出註解編輯狀態。

◆ **編輯註解**：選取需要修改的註解所在的儲存格，按一下滑鼠右鍵，在跳出的快速選單中執行「編輯註解」命令，此時註解編輯方塊處於可編輯狀態，根據需要對註解內容進行編輯操作，然後按一下工作表中的其他位置退出註解編輯狀態即可。

◆ **刪除註解**：選取需要刪除的註解所在的儲存格，按一下滑鼠右鍵，在跳出的快速選單中執行「刪除註解」命令，返回工作表，即可看到該儲存格中的註解被刪除。

◆ **隱藏與顯示註解**：預設情況下，Excel 中的註解為隱藏狀態，在新增了註解的儲存格的右上角可以看到一個紅色的小三角，將游標指向該儲存格，可以查看被隱藏的註解。選取註解所在儲存格，按一下滑鼠右鍵，在跳出的快速選單中執行「隱藏 / 顯示註解」命令，可以設定始終顯示註解或隱藏註解。在設定始終顯示註解後，選取註解所在儲存格，按一下滑鼠右鍵，在跳出的快速選單中執行「隱藏註解」命令，可以再次隱藏註解。

TIPS 要避免在工作表中插入過多的註解。因為隱藏註解後，需要把游標移動到儲存格處一條一條地查看註解，而設定始終顯示註解的話，又會擋住表格中的資料。

利用資料驗證，減少輸入錯誤

在製作 Excel 表格的時候，我們可以使用資料驗證設定。它可以幫助我們限定儲存格中可輸入的內容，並給出提示，進而減少輸入錯誤，提高工作效率。在工作中，資料驗證設定常用來限制儲存格中輸入的欄位長度、欄位內容、數值範圍等。

◀例如「資料借閱管理表」，為避免輸入錯誤的資料，並提高輸入速度，可以為其設定資料驗證，限定「資料編號」為 6 位數值；限定「借閱部門」為「行政部、人事部、業務部、財務部、祕書處」等。

1. 限定欄位長度

在輸入編號、身份證號碼等資料時，可以設定資料驗證來限定儲存格中可輸入的欄位長度，避免輸入錯誤。

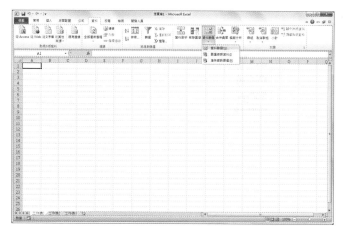

◀選取需要設定資料驗證的儲存格或儲存格區域，切換到【資料】索引標籤，按一下「資料工具」組中的〔資料驗證〕按鈕，打開「資料驗證」對話框。

▲在【設定】索引標籤的「允許」下拉清單中選擇「欄位長度」選項，在「數據」下拉清單中選擇「等於」選項，在「長度」文字方塊中輸入「6」。

▲切換到【提示訊息】索引標籤，設定在該儲存格中輸入資料時顯示的提示資訊，再切換到【錯誤提醒】索引標籤，設定在輸入錯誤資料時顯示的提示資訊，完成後按一下〔確定〕按鈕。

2. 限定欄位內容

為了提高資料輸入的速度，防止輸入錯誤的資訊，可以限定儲存格中可輸入的欄位內容，方法與限定欄位長度類似。

▲打開「資料驗證」對話框，在【設定】索引標籤的「允許」下拉清單中選擇「數列」選項，在「來源」文字方塊中輸入限定的欄位內容，用英文的逗號「,」隔開。

▲由於在【設定】索引標籤中預設勾選了「儲存格內的下拉式清單」核取方塊，因此在限定欄位內容的儲存格中輸入資料時，可以按一下右側出現的下拉式清單，在下拉清單中選擇要輸入的內容。

TIPS　別忘了在「資料驗證」對話框中，切換到【提示訊息】和【錯誤提醒】索引標籤設定提示資訊，完成後按一下〔確定〕按鈕即可。

3. 限定數值範圍

還可以透過資料驗證設定限定儲存格中可輸入的數值的範圍，避免發生錯誤。方法很簡單。

◀ 打開「資料驗證」對話框，在【設定】索引標籤的「允許」下拉清單中選擇「整數」選項，在「資料」下拉清單中選擇「介於」選項，在「最小值」和「最大值」文字方塊中分別設定允許輸入的最小值和最大值，然後在【提示訊息】和【錯誤提醒】索引標籤中設定提示資訊，完成後按一下〔確定〕按鈕即可。

NOTE 在【提示訊息】和【錯誤提醒】索引標籤中預設勾選了「當儲存格被選取時，顯示提示訊息」和「輸入的資料不正確時顯示警訊」核取方塊，如果取消勾選該核取方塊，將不能設定、顯示相關的提示資訊。

2 正確顯示我要的數字

在 Excel 表格裡輸入的資料有多種類型，比如數字、數值、貨幣、百分比、日期、時間、欄位等，一些特殊的資料類型有屬於自己的輸入方法，用錯誤的方法輸入 Excel 將無法識別，進而得不到正確的顯示結果。

所以，若要真正掌握資料輸入，則需要搞清楚 Excel 數字格式。

小心格式「吃掉」你的資料

千萬別把 Excel 當成 Word，以為輸入區區資料很簡單。不信？那就試試在 Excel 裡輸入一個以「0」開頭的電話區號。

有人會說：「這有什麼難的，在鍵盤上找個『0』還找不到嗎？」找到「0」是不難，不過往 Excel 儲存格裡輸入「023」試試，你就會發現，在按下〔Enter〕鍵後，卻得到了「23」，Excel「吃掉」了你的「0」。

這是因為預設情況下，Excel 儲存格的數字格式為「一般」，此時輸入以「0」開頭的數字時，Excel 會把它識別成數值型資料，而直接省略掉前面的「0」。與此類似的情況還有很多，例如：

	A	B
1	輸入 "023" ：	23
2	輸入 "3/4" ：	2015年3月4日
3	輸入員工編號：	5.11777E+17
4	輸入 "13-3-4" ：	41337

◆**變成日期的分數**：預設情況下，在 Excel 中不能直接輸入分數，系統會將其顯示為日期格式，比如輸入分數「3/4」，按下〔Enter〕鍵確認後將顯示為日期「3 月 4 日」。

◆**亂碼一樣的員工編號**：Excel 的儲存格中預設顯示 11 個字元，如果輸入的數值超過 11 位，就會使用科學計數法來顯示該數值，形如「5.11777E+17」。

◆**變成數字的日期**：一般情況下，在儲存格中輸入日期（如「13-3-4」）並確認後，儲存格將由「一般」格式自動轉換為「日期」格式，顯示結果為「2015/3/4」。如果因某些原因使格式沒有自動轉換，或在之後的操作中又將儲存格的數字格式設定為了「一般」、「欄位」等格式，可以看到輸入的日期變成了一組數字，如「41337」。這是因為日期是一種很特殊的數值，它實際上是一組日期數列值，每個日期都有一個數字對應。

挽救被吃掉的數據

才能正確輸入日期、分數等資料？如何挽救被格式「吃掉」的資料？下面就來學習一下吧！

	A	B
1	輸入 "'023" ：	023
2	輸入 "0 3/4" ：	3/4
3	輸入 "'" + "員工編號" ：	511777198812121111
4	輸入員工編號後設定 "範本" 格	511777198812121000
5	輸入 "14:30:00" ：	下午 02:30:00
6	輸入 "2:30PM" ：	2:30PM
7	輸入 "13-3-4" ：	2013/3/4

1. 正確輸入以「0」開頭的數字

要在 Excel 儲存格中輸入以「0」開頭的數字，方法很簡單，在輸入數字前，先輸入一個英文的單引號「'」，然後輸入以「0」開頭的數字即可。這裡的關鍵就在於輸入的英文單引號「'」，它使 Excel 將隨後輸入的以「0」開頭的數字識別為欄位資料，進而避免被識別為數值型資料的「0」被吃掉。

還有一個方法就是在輸入數字前，先將要輸入數字的儲存格或儲存格區域設定為「文字」格式，此後直接輸入數字即可。

2. 正確輸入分數

要在 Excel 儲存格中輸入分數，只需要在分數前加一個「0」和一個空格，比如，輸入「0 3/4」，按下〔Enter〕鍵確認，即可得到分數「3/4」。新增的「0」和空格，可以使 Excel 成功地識別輸入的分數，進而將該儲存格數字格式自動轉換為「分數」格式。

如果在輸入前將資料輸入的儲存格或儲存格區域設定為「分數」格式，則可以直接輸入「3/4」。

3. 正確輸入員工編號

這不僅僅限於員工編號，凡是超過 11 位的數值，在輸入時都可以這樣處理：在輸入數字前，先輸入一個英文的單引號「'」，然後輸入數值，按下〔Enter〕鍵後，儲存格數字格式將自動轉換為「文字」格式，即使數值超過 11 位，也可以被 Excel 正確識別。

如果想挽救已經輸入的資料，使其不再以科學計數法格式顯示，可以選取目標儲存格，然後將儲存格數字格式設定為「文字」格式。不過這個方法只對 15 位（包括 15 位）的數起作用，對於超過 15 位的數值，其超過的部分會顯示為 0。

4. 正確輸入日期和時間

要在 Excel 儲存格中輸入時間，可以以時間格式直接輸入，比如輸入「14:30:00」。系統預設時間按照 24 小時制輸入。如果要輸入以 12 小時制顯示的時間，需要在輸入的時間後加入「AM」或「PM」表示上午或下午，比如輸入下午兩點半為「2:30PM」。

要在 Excel 的儲存格中輸入日期，則應該在年、月、日之間用「-」或「/」符號隔開，如輸入「13-3-4」，然後按下〔Enter〕鍵，此時儲存格數字格式自動轉換為「短日期」呈「2015/3/4」顯示。

如果輸入的日期顯示不正確，選取目標儲存格，然後將儲存格數字格式設定為「日期」格式即可。

| 設定數字格式

設定數字格式的方法主要有 2 種,你可以透過「儲存格格式」對話框或者透過功能區進行設定。

◀選取要設定數字格式的儲存格或儲存格區域,然後按一下【常用】索引標籤中「數值」群組右下角的功能擴充按鈕,在「儲存格格式」對話框的【數值】索引標籤中可以根據需要精確設定數字格式。

◀選取儲存格或儲存格區域後,透過【常用】索引標籤的「數值」群組可以快速設定數字格式。

自訂數字格式

要在表格裡輸入員工編號、貨物編號、成績排名等數據（例如「PCuSER-01」、「第1名」）的時候，如果是一個有規律的數列，當然可以使用自訂數列功能，然後利用填滿控點快速輸入。但如果要輸入的資料並非是有規律的數列，有什麼辦法能提高輸入效率呢？

我們可以利用自訂數字格式的方法輕鬆搞定，例如要輸入「第1名」，就可以用自訂數字格式的方法。

Step 1 選取要輸入資料的儲存格區域，按一下【常用】索引標籤中，「數值」群組右下角的功能擴充按鈕，打開「儲存格格式」對話框。

Step 2 在「儲存格格式」對話框的【數值】索引標籤中選取「自訂」分類選項，在「類型」文字方塊中輸入自訂格式代碼："第"0"名"。

Step 3 按一下「確認」按鈕確認設定，然後返回工作表，在設定了數字格式的儲存格中輸入資料，如「1」，可以看到，資料顯示為「第1名」。

需要注意的是，自訂數字格式僅僅改變了儲存格的顯示形式，並沒有真正改變儲存格中輸入的資料，在之後進行資料尋找等工作時容易因此產生錯誤。這種情況下，我們可以利用貼上「值」的方式，將透過自訂格式的內容轉換為顯示的數值。

	B
1	自訂數字格式輸入員工編號
2	CQJH01-112
3	CQJH11-233
4	CQJH02-541
5	CQJH06-127
6	CQJH03-146

TIPS 貼上「值」的方法為，選取需要進行轉換的儲存格區域，按下〔Ctrl〕+〔C〕複合鍵複製資料，然後在【常用】索引標籤的「剪貼簿」群組中按一下〔貼上〕下拉按鈕，在打開的下拉選單中選擇「貼上值」選項即可。

編寫數字格式代碼的時候要注意，一個完整的自訂格式代碼最多包含 4 個不同條件的區段，每個區段用半形分號分隔，分別作用於相關類型的數值。代碼組成的結構有以下幾種。

大於條件值格式；小於條件值格式；等於條件值格式；文字格式

條件 1 格式；條件 2 格式；不滿足條件 1 和條件 2 格式；文字格式

正數格式；負數格式；零值格式；文字格式

當然，不是所有的數字格式都需要使用以上完整的 4 個條件區段來編寫代碼，只要編寫的代碼能夠完成格式定義即可。

常用的自訂格式代碼符號及其含義如下表。

代碼	符號含義
G/ 通用格式	不設置任何格式，按原始輸入的數值顯示，等同預設格式中的通用格式
#	數字預留位置，只顯示有效數字，不顯示無意義的零值
0	數字預留位置，當數字個數比代碼位數少時，顯示無意義的零值
?	數字預留位置，與 "0" 的作用類似，但以空格顯示代替無意義的零值
*	重複下一個字元來填充欄寬
.	小數點
%	百分數
,	千位分隔符號
E	科學計數符號
!	強制顯示下一個字串字元，可用於顯示分號（；）、點號（.）、問號（？）等特殊符號
\	與「!」的作用相同，輸入後會以「!」代替其代碼格式
_（下底線）	空出與下一個字元寬度相等的空格，常用於類似「會計」格式中貨幣符號對齊的效果
"字串"	用於顯示雙引號裡面的字串
@	字串預留位置，等同預設的「字串」格式，使用單個 @ 可引用原始字串，使用多個 @ 可以重複字串
[顏色]	顏色代碼，用於顯示相應的顏色，如 [紅色]/ [red]、[黃色]/ [yellow]、[藍色]/ [blue]、[白色]/ [white]、[黑色]/ [black]、[綠色]/ [green] 等。注意，在英文版中需使用英文代碼，在中文版中需使用中文代碼
[顏色 n]	顯示 Excel 調色板上的顏色，n 的數值範圍為 0~56

代碼	符號含義
[條件值]	設置條件，條件通常由 >、<、=、>=、<=、>< 等運算子及數值構成
[Dbnum1]	將數值顯示為中文小寫格式，例如，將「123」顯示為「一百二十三」
[Dbnum2]	將數值顯示為中文大寫格式，例如，將「123」顯示為「壹佰貳拾參」
[Dbnum3]	將數值顯示為阿拉伯數字與小寫中文單位的結合格式，例如，將「123」顯示為「1 百 2 十 3」

此外，還有一些與日期時間格式相關的代碼符號。因為 Excel 內建了許多時間和日期格式，在「儲存格格式」對話框中選擇「時間」和「日期」分類，即可快速進行設定，這裡就不再贅述了。

∃ | 輕鬆匯入外部資料

前面已經介紹了輸入資料的方法和技巧，其實，除了手動輸入資料外，還有一個重要的獲取資料的方式，就是在 Excel 表格中匯入外部資料。

是外部資料？怎麼匯入？透過複製和貼上就可行嗎？這裡說的外部資料，其實主要是指來源於欄位或網站的資料。要將欄位或者來自網站的資料匯入 Excel 中，可不是僅僅靠複製貼上就能搞定的，學會正確的匯入資料方法，才能事半功倍。

匯入文字資料

下面舉個簡單的例子講解匯入文字資料的方法。例如，將「預約記錄」文字檔匯入 Excel 工作表。

Step 1 打開要匯入欄位資料的 Excel 工作表，切換到【資料】索引標籤，在「取得外部資料」群組中按一下「從文字檔」按鈕。

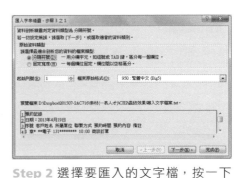

Step 2 選擇要匯入的文字檔，按一下〔匯入〕按鈕；然後在跳出的「匯入字串精靈 – 步驟 3 之 1」對話框中進行設定，本例在「請選擇最合適的檔案類型」欄中選擇「分隔符號號」單選項；完成後按一下〔下一步〕按鈕。

Step 3 跳出「匯入字串精靈 – 步驟3之2」對話框，在「分隔符號號」欄中勾選「Tab鍵」核取方塊，然後按一下〔下一步〕按鈕。

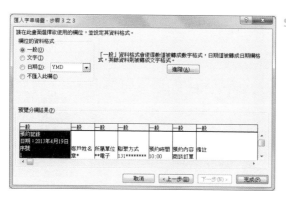

Step 4 跳出「匯入字串精靈 – 步驟3之3」對話框，在「列資料格式」欄中選擇「一般」單選項，然後按一下〔完成〕按鈕。

Step 5 跳出「匯入資料」對話框，選擇「現有工作表」單選項，在相關的欄位框中設定匯入資料的放置位置，然後按一下〔確定〕按鈕，此時系統將文本檔中的資料以空格分隔匯入到工作表中。

TIPS 如果匯入資料後又對文字檔中的資料進行了修改，可以在工作表中按一下【資料】索引標籤「連接」群組中的「全部更新」按鈕，然後在打開的「匯入文字檔」對話框中選取修改過的文字檔，按一下「打開」命令，更新資料。

匯入網站數據

如今是一個資訊時代,要收集資料,就不能忽略網路資源。在統計處等專業網站上,我們可以輕鬆獲取網站發佈的資料,如產品報告、銷售排行、股票行情、消費指數等。

還記得資料分析 5 大步驟嗎?要做一名合格的 Excel 資料分析專家,就要學會如何及時、準確地獲取需要的來源資料。

下面舉例講解匯入網站資料的方法。例如,將交通部統計查詢網發佈的「臺北捷運客運收入」資料匯入 Excel 工作表,步驟如下:

Step 1 在電腦連接了 Internet 網路的情況下,打開要匯入網站資料的 Excel 工作表,切換到【資料】索引標籤,在「取得外部資料」群組中按一下〔從 Web〕按鈕。

Step 2 跳出「新增 Web 查詢」對話框,在「地址」欄中輸入要匯入資料的網址,本例要匯入的是通部統計查詢網發佈的「臺北捷運客運收入」,網址為「http://goo.gl/I0ds1u」;然後按一下〔到〕按鈕即可進入相關的頁面,按一下表格前的按鈕,使其圖示變為形狀,選定表格。

Step 3 按一下〔匯入〕按鈕,跳出「匯入資料」對話框,選擇「目前工作表的儲存格」選項,在相關的文字方塊中設定匯入資料的放置位置,然後按一下〔確定〕按鈕,此時系統自動將所選的網站資料匯入到工作表中。

如果要更新匯入到 Excel 中的網站資料，不用打開網頁也可以，方法有以下兩種：

◆**即時更新**：打開已匯入網站資料的工作表，切換到【資料】索引標籤，按一下「連接」組中的「全部重新整理」下拉按鈕，在打開的下拉選單中按一下「重新整理」命令即可；或者選取匯入的網站資料所在區域的任意一個儲存格，使用滑鼠按右鍵，在跳出的快速選單中執行「重新整理」命令。

◆**定時更新**：選取匯入的網站資料所在區域中的任意一個儲存格，使用滑鼠按右鍵，在跳出的快速選單中執行「資料範圍內容」命令，跳出「外部資料範圍內容」對話框，勾選「每隔幾分鐘更新一次」核取方塊，設定資料更新的間隔時間，即可定時更新資料；勾選「檔案開啟時自動更新」核取方塊，即可在打開 Excel 檔時自動更新資料。

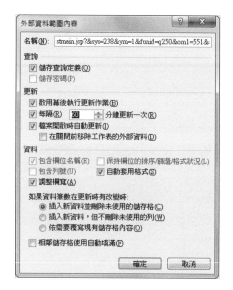

Chapter3
資料整理技巧篇

我們終於搞定了資料輸入，讓資料分析工作有「米」下鍋了！可是面對著一張雜亂無章的來源資料表，你是不是感覺有點摸不著頭緒？

沒辦法，對著一張「花臉」的來源資料表，是無法做好資料分析工作的，於是我們要為資料「整容」，讓資料看起來更「順眼」。

1 | 讓資料更容易閱讀

有沒有遇到過這樣的情況？千辛萬苦輸入或者收集到資料，並得到一張來源資料表，準備進行資料分析的時候，才發現「看不懂」來源資料表了——資料表太龐大，查看起來很不方便，找不到需要的資料……

面對這樣的情況，怎麼辦？接下來要告訴你一些「小妙招」，能夠幫助我們解決這些問題。

凍結窗格，捲動查看更方便

面對一張龐大的資料表，比如，一張具有十幾列、上百欄資料的表格，我們可以根據需要凍結窗格，以便查看或編輯資料。

凍結窗格的方法很簡單：首先選取作為凍結基準的儲存格（如B5 儲存格），然後切換到【檢視】索引標籤，按一下「視窗」群組中的「凍結窗格」下拉選單，根據需要執行「凍結拆分窗格」、「凍結首行」或「凍結首列」命令即可。

	A	B	C	D	E	F	G	H	I	J	K	
1	序號	員工編號	員工姓名	身份證號	年齡	性別	學歷	所屬分公司	所屬部門	職位	月薪	入
2	1	CQJN001	某一	5619861111	22	男	高職	CQ公司	銷售部	導購	2500	##
3	2	CQJN002	某二	5619861111	23	女	高職	CQ公司	銷售部	導購	2500	##
4	3	CQJN003	某三	5619861111	21	女	高職	CQ公司	銷售部	導購	2500	##
5	4	CQJN004	某四	5619861111	28	男	高職	CQ公司	銷售部	導購	2500	##
6	5	CQJN005	某五	5619861111	31	男	高職	CQ公司	銷售部	導購	2500	##
7	6	CQJN006	某六	5619861111	27	男	高職	CQ公司	銷售部	導購	2500	##
8	7	CQJN007	某七	5619861111	26	女	高職	CQ公司	銷售部	導購	2500	##
9	8	CQJN008	某八	5619861111	24	男	本科	CQ公司	銷售部	店長	3000	##
10	9	CQJN009	某九	5619861111	32	女	大專	CQ公司	銷售部	導購	2500	##
11	10	CQJN010	某一〇	5619861111	31	女	大專	CQ公司	銷售部	導購	2500	##
12	11	CQJN011	某一一	5619861111	29	男	大專	CQ公司	銷售部	導購	2500	##
13	12	CQJN012	某一二	5619861111	25	男	高職	CQ公司	銷售部	導購	2500	##
14	13	CQJN013	某一三	5619861111	22	男	高職	CQ公司	銷售部	導購	2500	##
15	14	CQJN014	某一四	5619861111	23	女	高職	CQ公司	銷售部	導購	2500	##
16	15	CQJN015	某一五	5619861111	21	男	高職	CQ公司	銷售部	導購	2500	##

Sheet1 Sheet2 Sheet3

▲執行「凍結拆分窗格」命令
　後，將凍結所選儲存格（如
　B5 儲存格）上方和左邊的
　部分，此時拖曳垂直與水平
　捲軸，可見被凍結部分保持
　不變。

▲執行「凍結首欄」命令後，
　在捲動工作表的其餘部分時
　保持首欄不變。

▲執行「凍結頂端列」命令後，
　在捲動工作表的其餘部
　分時保持頂端列不變。

隱藏欄與列，突顯重要資料

面對一張資料量很大的表格，在查看和編輯的時候，我們可以
把暫時不需要的欄與列隱藏起來，以方便操作。方法主要有以
下幾種：

1. 選取需要隱藏的（多）欄或（多）列，使用滑鼠按右鍵，在
   跳出的快速功能表中執行「隱藏」命令，隱藏行或列。

2. 選取需要隱藏的（多）欄，按下〔Ctrl〕＋〔9〕複合鍵，
   隱藏行。

3. 選取需要隱藏的（多）列，按下〔Ctrl〕＋〔0〕複合鍵，
   隱藏列。

此外，如果要重新顯示被隱藏的欄或列，方法也很簡單：選取被隱藏的欄（列）前後
的欄（列），例如，隱藏 D 列，則選擇 C 列至 E 列，然後按一下滑鼠右鍵，在打開
的快速選單中執行「取消隱藏」命令即可。

快速跳轉到最後一欄／列

這裡有一張員工資訊登記表，其表格資料有 100 欄、13 列，要查看序號為「99」的員工資訊怎麼辦？用滑鼠滾輪慢慢往下翻頁，還是拖曳垂直捲軸到表格底部？

其實這都是菜鳥使用的笨招，真正的高手會使用〔Ctrl〕＋方向鍵一步到位。將游標定位到工作表資料區域，然後按下〔Ctrl〕＋方向鍵〔←〕、〔↑〕、〔→〕或〔↓〕，就可以將游標定位到工作表當前資料區域的邊緣。

	A	B	C	D	E	F	G	H	I	J	K	L
1	序號	員工編號	員工姓名	年齡	性別	學歷	所屬分公司	所屬部門	職位	月薪	到職時間	備註
2	1	CQJN001	某一	22	男	高職	CQ公司	銷售部	導購	25000	2010/1/5	
3	2	CQJN002	某二	23	女	高職	CQ公司	銷售部	導購	25000	2010/1/5	
4	3	CQJN003	某三	21	女	高職	CQ公司	銷售部	導購	25000	2010/1/5	
5	4	CQJN004	某四	28	男	高職	CQ公司	銷售部	導購	25000	2010/1/5	
6	5	CQJN005	某五	31	男	高職	CQ公司	銷售部	導購	25000	2010/1/5	
7	6	CQJN006	某六	27	男	高職	CQ公司	銷售部	導購	25000	2010/1/5	
8	7	CQJN007	某七	26	女	高職	CQ公司	銷售部	導購	25000	2010/1/5	
9	8	CQJN008	某八	24	男	高中	CQ公司	銷售部	店長	30000	2010/1/5	
10	9	CQJN009	某九	32	女	大專	CQ公司	銷售部	導購	25000	2010/1/5	
11	10	CQJN010	某一〇	31	女	大專	CQ公司	銷售部	導購	25000	2010/1/5	
12	11	CQJN011	某一一	29	男	大專	CQ公司	銷售部	導購	25000	2010/1/5	
13	12	CQJN012	某一二	25	男	高職	CQ公司	銷售部	導購	25000	2010/1/5	
14	13	CQJN013	某一三	22	男	高職	CQ公司	銷售部	導購	25000	2010/1/5	
15	14	CQJN014	某一四	23	女	高職	CQ公司	銷售部	導購	25000	2010/1/5	

員工資訊登記表 / Sheet2 / Sheet3

在上面所示的員工資訊登記表中，將游標定位到 E2 儲存格，按下〔Ctrl〕＋〔↓〕複合鍵，即可將游標定位到 E100 儲存格中，然後按下〔Ctrl〕＋〔→〕複合鍵，可以將游標定位到 M100 儲存格中。

此外，按下〔Ctrl〕＋〔Shift〕＋方向鍵可以在表格資料區域中快速選定儲存格區域。同樣以上面所示的員工資訊登記表為例，將游標定位到 E2 儲存格中，按下〔Ctrl〕＋〔Shift〕＋〔↓〕複合鍵，就可以立刻選取 E2:E100 儲存格區域，然後按下〔Ctrl〕＋〔Shift〕＋〔→〕複合鍵，就可以立刻選取 E2:M100 儲存格區域。

TIPS 如果資料區域中存在空白儲存格，使用上述方法則只能擴充到欄（列）中最後一個非空白的儲存格。

▍利用篩選和排序，落實分類整理

有人會說：「這幾個『小妙招』根本就是治標不治本，資料還是很亂嘛！要計算本科學歷的員工人數，難道還要一行一行地隱藏多餘的資料？要想看看年齡最大和最小的員工分別是多少歲怎麼辦？用函數？太複雜了吧？！」

別擔心，解決辦法絕對不複雜，只要對資料進行篩選、排序，保證能解決問題。

Excel 為使用者提供了強大的資料篩選和資料排序功能，透過資料篩選，我們可以輕鬆隱藏不需要的資料，而利用資料排序，可以使雜亂無章的表格資料按照一定的規則進行排列，以便進行進一步處理和分析。

1. 資料篩選

資料篩選的方法很簡單，通常將游標定位到工作表資料區域，然後切換到【資料】索引標籤，按一下「排序與篩選」群組中的〔篩選〕按鈕，就可以看到欄位名右側出現了下拉選單，工作表進入資料篩選狀態，即可根據需要篩選資料。

根據不同的篩選需要，有不同的篩選方法，主要的資料篩選方法有簡單條件的篩選、指定資料的篩選、自訂篩選和進階篩選這 4 種。

◆**簡單條件的篩選**：如篩選「學歷」為「大專」的員工資訊，方法為：進入資料篩選狀態，按一下「學歷」欄位名右側下拉選單，在打開的下拉選單中只勾選「大專」核取方塊，然後按一下〔確定〕按鈕即可。

◆**指定資料的篩選**：如篩選「年齡」高於平均值的員工資訊，方法為：進入資料篩選狀態，按一下「年齡」欄位名右側的下拉選單，在打開的下拉功能表中執行「數字篩選」命令，在展開的子功能表中執行「高於平均值」命令即可。

◆**自訂篩選**：根據實際情況自己定義篩選條件，進而進行篩選。使用自訂篩選功能可以對資料進行模糊篩選、範圍篩選及通配篩選。在使用萬用字元時，半形的問號「?」代表一個字元，半形的問號「*」代表任意字元。

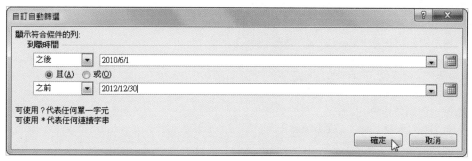

▲如篩選「到職時間」在「2010年6月1日」到「2012年12月30日」之間的員工資訊，方法為：
進入資料篩選狀態，按一下「到職時間」欄位名右側的下拉選單，在打開的下拉選單中執行「數字」
→「自訂篩選」命令，跳出「自訂自動篩選方式」對話框，設定篩選條件為：「到職時間」在「2010
年6月1日」到「2012年12月30日」之間，按一下〔確定〕按鈕即可。

> **TIPS** 進行以上篩選操作後，若要重新顯示被隱藏的資料，可以按一下相關欄位名右側的按鈕，
> 在打開的下拉選單中勾選「全選」核取方塊，然後按一下〔確定〕按鈕；或者再次按一下【資
> 料】索引標籤中的「篩選」按鈕，退出篩選狀態。

◆**進階篩選**：適用於篩選條件比較複雜的情況，比如，篩選「女性」員工中「年齡」
小於30歲的員工的資訊。

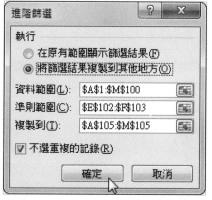

▲使用進階篩選時，首先要在工作表中新增一個篩選的條件區域，然後切換到【資料】索引標籤，
按一下「排序與篩選」群組中的〔進階〕按鈕，在跳出的「進階篩選」對話框中設定資料清單區域、
篩選條件區域和篩選結果的放置位置，然後按一下〔確定〕按鈕。

2. 資料排序

學會了資料排序後，就可有效率地整理原本雜亂無章的表格資料。根據不同的需求，使用的排序方法也有所不同，主要有按一個條件排序、按多個條件排序、自訂排序 3 種。

◆**按一個條件排序**：將游標定位到需要進行排序的資料列的任意儲存格中，切換到【資料】索引標籤，在「排序與篩選」群組中按一下「從 A 到 Z 排序」或「從 Z 到 A 排序」按鈕即可；或者選取需要進行排序的資料列的任意儲存格，使用滑鼠右鍵，在跳出的快速選單中執行「排序」→「從 A 到 Z 排序」或「從 Z 到 A 排序」命令即可。

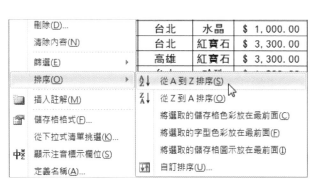

◆**按多個條件排序**：選取工作表中的整個資料區域，切換到【資料】索引標籤，按一下「排序與篩選」群組中的〔排序〕按鈕，然後在跳出的「排序」對話框中設定排序條件，完成後按一下〔確定〕按鈕即可。

TIPS　在「排序」對話框中勾選「我的資料有標題」核取方塊，然後按一下〔選項〕按鈕，在跳出的「排序選項」對話框中可以選擇排序方向和方法。

◆**自訂排序**：方法與自訂清單的方法有些類似，其步驟如下：

Step 1 選取工作表中的整個資料區域，打開「排序」對話框，設定「排序方式」。打開對應的「順序」下拉清單，選擇「自訂清單」選項。

Step 2 跳出「自訂清單」對話框，在「清單項目」文字方塊中輸入自訂的項目，按一下〔新增〕按鈕，將輸入的項目新增到「自訂清單」清單方塊中。

	A	B	C	D	E	F	G	H
1	職員姓名	員工編號	銷售日期	銷售地點	商品名稱	單價	銷售量	銷售額
2	吳佩璇	CQ050104	2013/2/15	台中	水晶	$ 1,000.00	1	$ 1,000.00
3	侯依婷	CQ050110	2013/2/12	高雄	水晶	$ 1,000.00	4	$16,500.00
4	許育幸	CQ050103	2013/2/15	台北	水晶	$ 1,000.00	2	$ 2,000.00
5	謝穎玫	CQ050108	2013/2/12	台中	水晶	$ 1,000.00	2	$ 2,000.00
6	侯依婷	CQ050110	2013/2/12	高雄	珍珠	$ 1,200.00	4	$ 9,900.00
7	唐軒芝	CQ050106	2013/2/17	台北	珍珠	$ 1,200.00	4	$ 4,800.00
8	許育幸	CQ050103	2013/2/18	台北	珍珠	$ 1,200.00	3	$ 6,000.00
9	謝穎玫	CQ050108	2013/2/20	台中	珍珠	$ 1,200.00	5	$ 3,500.00
10	許育幸	CQ050103	2013/2/17	台北	紅寶石	$ 3,300.00	3	$ 3,600.00
11	陳麗沛	CQ050107	2013/2/15	高雄	紅寶石	$ 3,300.00	5	$14,000.00
12	吳佩璇	CQ050104	2013/2/12	台中	藍寶石	$ 3,500.00	1	$ 4,000.00
13	洪明勇	CQ050101	2013/2/18	高雄	藍寶石	$ 3,500.00	5	$15,000.00

員工銷售業績表

Step 3 返回「排序」對話框，按一下〔確定〕按鈕，返回工作表，即可看到資料按照自訂排序條件進行了排列。

▌善用條件格式，抓出需要的資料

密密麻麻的表格資料看起來太痛苦了？面對訊息量巨大的表格資料，不知道從哪裡「看」起，覺得毫無頭緒，抓不住分析的要點……這時候，可以試試設定條件格式。

有人會問：「什麼是條件格式？」其實，Excel 的條件格式就是指當儲存格中的資料滿足某一個設定的條件時，以設定的儲存格格式顯示出來。

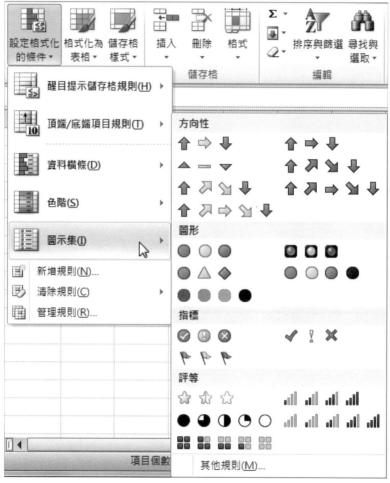

▲在【常用】索引標籤的「樣式」群組中按一下「設定格式化的條件」下拉選單，
打開下拉選單，可以看到其中包含有「醒目提示儲存格規則」、「頂端／底端項
目規則」、「資料橫條」、「色階」、「圖示集」等子功能表。

透過這些子功能表，可以輕鬆設定條件格式，它們的作用如下：

◆**醒目提示儲存格規則**：用於醒目提示符合大於、小於、介於、等於、欄位包含、發生日期、重複值等條件的儲存格。

◆**頂端 / 底端項目規則**：用於醒目提示符合值最大的 10 項、最大的 10％項、最小的 10 項、最小的 10％項、高於平均值、低於平均值等條件的儲存格。

◆**資料橫條**：用於查看某個儲存格相對於其他儲存格的值。資料橫條的長度代表儲存格中的值，資料橫條越長，表示值越高；資料橫條越短，表示值越低。在分析大量資料中的較高值和較低值時，資料橫條很有用。

◆**色階**：分為雙色色階和三色色階，透過顏色的深淺程度來比較某個區域的儲存格，顏色的深淺表示值的高低。

◆**圖示集**：用於對資料進行註釋，並可以按值的大小將資料分為 3 ～ 5 個類別，每個圖表代表一個資料範圍。

下面以實例形式介紹設定條件格式後會出現什麼樣的效果？可以參考下面的圖。

醒目規則（"大於5"）	1	2	3	4	5	6	7	8	9
項目選取（"高於平均值	1	2	3	4	5	6	7	8	9
資料橫條	1	2	3	4	5	6	7	8	9
色階	1	2	3	4	5	6	7	8	9
圖示集	1	2	3	4	5	6	7	8	9

1. 設定條件格式

設定條件格式的方法很簡單，一般來說，選取要設定條件格式的儲存格或儲存格區域，打開「設定格式化的條件」下拉選單，根據需要展開相關的子功能表，然後執行相關的命令進行設定即可。假設要醒目提示「大於 5」的儲存格，可以參考這方法。

▲選取儲存格區域，執行「設定格式化的條件」→「醒目提示儲存格規則」→「大於」命令，在跳出的「大於」對話框中設定條件為大於「5」，然後打開「顯示為」下拉清單，根據需要選擇儲存格格式，最後按一下〔確定〕按鈕完成設定。

TIPS　如果系統內建的儲存格格式不符合需要，可以按一下「自訂」格式選項，打開「儲存格格式」對話框，在該對話框中對儲存格格式進行自訂設定。

▲若要清除設定的條件格式，則選取設定了條件格式的儲存格或儲存格區域，執行「設定格式化的條件」下拉選單底部的「清除規則」命令，在打開的子功能表中根據需要進行選擇即可。

2. 設定條件格式規則

如果 Excel 提供的條件格式規則不好用，這時可以利用「設定格式化的條件」下拉功
能表底部的「新增規則」和「管理規則」命令，對條件格式規則進行設定。

◆**新增規則**：執行「新增規則」命令後，將跳出「新增格式規則」對話框，在「選擇
規則類型」清單方塊中根據需要進行選擇，進而打開相關的「編輯規則說明」欄，
根據需要進行設定，完成後按一下〔確定〕按鈕即可。

◆**管理規則**：執行「管理規則」命令後，將跳出「條件格式規則管理器」對話框，在
其中可以對表格中設定的條件格式規則進行「新增」、「編輯」、「刪除」等管理。

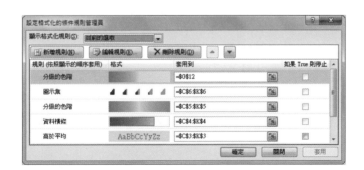

 按一下「設定格式化的條件」各子功能表底部的「其他規則」命令，也可打開「新增格式
化規則」對話框對格式條件規則進行編輯。

2 | 拯救有錯誤的資料表

在一張訊息量巨大的表格中，難免出現資料重複或者資料有邏輯錯誤的情況，這時就需要「加工處理」，拯救雜亂的資料表。

快速找到重複資料

怎麼才能找到重複的資料？逐一檢查儲存格？當然不可能！

在 Excel 中，要找到重複的資料，辦法可不止一個，靈活運用前面介紹的條件格式設定就可以輕鬆標記出重複的資料。此外，還可以利用函數來快速識別重複資料。

1. 利用函數識別重複資料

利用 COUNTIF 函數，可以計算出資料出現的次數，甚至進一步計算出儲存格中的資料是第幾次出現。以下表為例，使用 COUNTIF 函數識別員工姓名重複的情況吧！

	A	C	D	E	F	G
1	序號	員工姓名	識別資料的出現次數	公式	識別資料第幾次出現	公式
2	1	某一	1	=COUNTIF(C:C,C2)	1	=COUNTIF(C$2:C2,C2)
3	2	某二	1	=COUNTIF(C:C,C3)	1	=COUNTIF(C$2:C3,C3)
4	3	某三	1	=COUNTIF(C:C,C4)	1	=COUNTIF(C$2:C4,C4)
5	4	某四	1	=COUNTIF(C:C,C5)	1	=COUNTIF(C$2:C5,C5)
6	5	某五	2	=COUNTIF(C:C,C6)	1	=COUNTIF(C$2:C6,C6)
7	6	某五	2	=COUNTIF(C:C,C6)	2	=COUNTIF(C$2:C7,C7)
8	7	某六	1	=COUNTIF(C:C,C7)	1	=COUNTIF(C$2:C8,C8)
9	8	某七	3	=COUNTIF(C:C,C8)	1	=COUNTIF(C$2:C9,C9)
10	9	某七	3	=COUNTIF(C:C,C9)	2	=COUNTIF(C$2:C10,C10
11	10	某七	3	=COUNTIF(C:C,C10)	3	=COUNTIF(C$2:C11,C11
12	11	某八	1	=COUNTIF(C:C,C11)	1	=COUNTIF(C$2:C12,C12
13	12	某九	1	=COUNTIF(C:C,C12)	1	

查找重複資料 / 刪除重複資料

▲在 F2 儲存格中輸入公式「=COUNTIF(C:C,C2)」，在 F2 儲存格中輸入公式「=COUNTIF(C$2:C2,C2)」，然後使用填滿控點將公式複製到相關的儲存格即可。

函數 COUNTIF 用於計算區域中滿足單個指定條件的儲存格數目。其語法為：

COUNTIF(range,criteria)

參數 range 是要計算的儲存格範圍；參數 criteria 用於定義將對哪些儲存格進行計數，是計算的條件，形式可以為數字、運算式、儲存格引用或文字格式，如 32、>32、B4、蘋果。

2. 利用條件格式標記重複資料

前面已經介紹過如何在 Excel 中設定條件格式，若要利用條件格式標記重複的資料，可以這麼做。

▶選取儲存格區域，在【常用】索引標籤的「樣式」的組中執行「設定格式化的條件」→「醒目提示儲存格規則」→「重複值」命令。在跳出的「重複值」對話框中設定儲存格格式，按一下〔確定〕按鈕即可。

如果只需要標記第 2 次（3 次、4 次……）出現的資料，還可以這麼做。

▲選取儲存格區域，在【常用】索引標籤的「樣式」群組中執行「設定格式化的條件」→「新增規則」命令，跳出「新增格式規則」對話框，選擇「使用公式決定要格式化哪些儲存格」規則類型，在文字方塊中輸入公式「=COUNTIF(C$2:C2,C2)>1」，然後按一下〔格式〕按鈕設定格式，設定完成後按一下〔確定〕按鈕即可。

▌輕鬆移除重複資料

找到重複的資料後怎麼刪除它呢？標記出來，然後逐一刪掉？當然不是。若要移除重複的資料，最簡單的辦法就是使用「移除重複項」功能，步驟如下：

Step 1 選取資料區域，切換到【資料】索引標籤，按一下「資料工具」群組中的〔移除重複〕按鈕，在對話框中，勾選需要移除重複資料的「欄」選項，然後按一下〔確定〕按鈕。

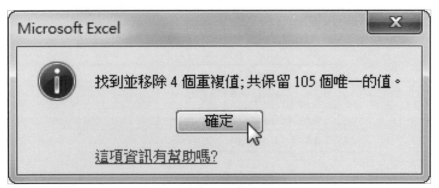

Step 2 跳出提示對話框會顯示刪除了多少重複值，保留了多少唯一值，按一下〔確定〕按鈕即可。

此外，在使用 COUNTIF 函數標記重複資料的情況下，還可以利用 Excel 的篩選和排序功能移除重複值。

◆**排序**：將「識別資料第幾次出現」按從 Z 到 A 排序排序，然後刪除排在表格前部、「識別資料第幾次出現」資料大於 1 的列。

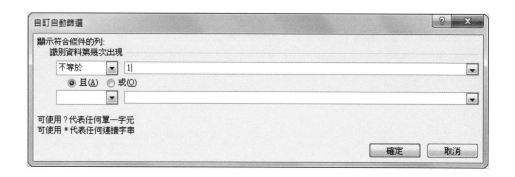

◆**篩選**：進入篩選狀態，打開「識別資料第幾次出現」欄位名的篩選下拉選單，執行「數字篩選」→「自訂篩選」命令，在跳出的對話框中設定顯示值「不等於 1」的欄，按一下〔確定〕按鈕，然後刪除篩選出的欄。

	A	B	C	D
1	序號	員工編號	員工姓名	識別資料第幾次出現
34	36	CQJN032	某三二	2
37	39	CQJN030	某三〇	2
38	40	CQJN030	某三〇	3
39	42	CQJN032	某三二	3
40	43	CQJN033	某三三	2
41	44	CQJN034	某三四	2

TIPS 為了避免資料列中存在公式，進而影響篩選和排序操作，可以使用「複製」→「貼上值」的方法，將表格中的公式轉換為數值。

判斷資料是否有錯誤

我們知道，完成資料分析的第 2 步是收集資料，然而在收集的資料中，很可能出現各種錯誤，其中，資料邏輯錯誤是很難被及時發現的。

例如，某公司進行了一次問卷調查，收回 1000 張問卷調查表，調查表中有 10 題，每題的答案只有 1 ～ 4 這 4 種，代表顧客的滿意程度。可是輸入調查結果的過程中出現了錯誤，某些問卷的某些題輸入了 1 ～ 4 之外的答案。在訊息量巨大的資料表格中，我們很難及時發現這些出現了邏輯錯誤的資料。

	A	B	C	D	E	F	G	H	I	J	K	L
1	序號	題1	題2	題3	題4	題5	題6	題7	題8	題9	題10	滿意度結果
992	991	2	1	1	3	4	1	2	1	3	2	20
993	992	3	1	2	11	3	2	1	1	3	1	28
994	993	3	4	1	2	1	3	4	1	2	1	22
995	994	1	11	2	1	1	1	3	2	1	1	24
996	995	1	1	3	41	1	2	3	4	10	1	67
997	996	1	2	1	3	2	1	1	3	2	1	17
998	997	5	1	22	1	3	4	2	1	3	1	43
999	998	3	2	1	1	1	3	1	1	1	1	15
1000	999	3	4	2	1	1	13	4	4	1	2	35
1001	1000	1	3	1	1	2	1	3	3	2	1	20

問卷調查結果　單選試卷

前面介紹過一個防患於未然的辦法，就是設定資料驗證，進而限定儲存格中輸入的內容，但是對於已經出現的錯誤，有沒有辦法將其快速檢查出來呢？

當然有！如果只需要將錯誤的儲存格標註出來，使用前面介紹過的條件格式設定就可以輕鬆解決：選取資料區域，在【常用】索引標籤中執行「設定格式化的條件」→「醒目提示儲存格規則」→「大於」命令，設定醒目提示值「大於 4」的儲存格即可。

	A	B	C	D	E	F	G	H	I	J	K	L
1	序號	題1	題2	題3	題4	題5	題6	題7	題8	題9	題10	滿意度結果
2	1	2	5	1	3	4	1	2	1	3	2	24
3	2	3	1	2	1	3	2	10	1	3	1	27
4	3	3	4	1	11	1	3	4	1	22	1	51
5	4	1	3	2	1	1	1	3	2	1	1	16
6	5	1	12	3	4	1	2	3	4	1	1	32
7	6	1	2	1	3	2	1	1	3	2	1	17
8	7	4	1	2	1	3	4	2	1	3	1	22
9	8	3	2	1	1	1	3	1	1	1	1	15
10	9	3	4	2	1	1	3	4	4	1	2	25
11	10	1	3	1	1	2	1	3	3	2	1	20

問卷調查結果　單選試卷

另外還有一種情況，就是需要對資料的正誤進行判斷，例如，某公司的招聘單選試題結果有 5 道題，答案分別為「abcab」，已經輸入了參考人員的試卷答案，現在需要為其評分，該怎麼辦？這時，我們可以利用邏輯函數 IF，輕鬆判斷答案對錯，進而為其評分。

G3				f_x	=IF(B3="a",1,0)					
▲	A	B	C	D	E	F	G	H	I	J	K
1	考號	答		卷			評		分		
2		題1	題2	題3	題4	題5	題1	題2	題3	題4	題5
3	1	a	a	b	c	c	1	0	0	0	0
4	2	c	b	c	b	a	0	1	1	0	0
5	3	b	b	c	c	a	0	1	1	0	0
6	4	b	c	b	c	b	0	0	0	0	1
7	5	b	c	b	c	c	0	0	0	0	0
8	6	c	b	c	b	a	0	1	1	0	0
9	7	a	b	c	c	a	1	1	1	0	0
10	8	a	b	b	c	b	1	1	0	0	1
11	9	b	b	b	c	a	0	1	0	0	0
12	10	a	b	c	b	a	1	1	1	0	0
13	正確答案為 "abcab"，每答對1題計1分，每答錯1題計0分。										

▲ G3 儲存格中輸入公式：=IF(B3="a",1,0)，再使用填滿控點將公式複製到相關的儲存格。

IF 函數常用來對資料執行正誤判斷，並根據邏輯計算的正誤返回不同的結果。其語法為：

IF(logical_test,value_if_true,value_if_false)

各函數參數的含義如下：

◆ **Logical_test**：表示計算結果為 TRUE 或 FALSE 的運算式。例如，「B3='a'」就是一個邏輯運算式，在函數中使用的意義是若 B3 儲存格中的值等於欄位「a」，則計算結果為 TRUE，否則為 FALSE。

◆ **Value_if_true**：是 logical_test 參數為 TRUE 時返回的值。例如，把此參數設定為「1」，而且 logical_test 參數的計算結果為 TRUE，函數計算結果為「1」分。

◆ **Value_if_false**：是 logical_test 為 FALSE 時返回的值。例如，把此參數設置為「0」，而 logical_test 參數的計算結果為 FALSE，函數計算結果為「0」分。

由此，在為題 2～題 5 評分時，只需要將函數式中的 Logical_test 參數進行相關的變更即可，比如為題 2 評分，應在 H3 儲存格中輸入公式：=IF(C3="b",1,0)。以此類推即可。

TIPS 在使用 IF 函數時需要注意，條件運算式是用比較運算子（＞、＜、＝）新增起來的，無比較就無條件；返回的兩個值中，如果是數值，則可以直接書寫，如果是欄位，則需要使用雙引號標記，如「正確」、「錯誤」；IF 函數可以進行嵌套，但最多只有 7 層。

▎批次修改錯誤的資料

Excel 的「尋找及取代」功能非常實用，「尋找」就是幫助我們在工作表中找到需要的資料，而「取代」就是在「尋找」的基礎上，對找到的資料進行取代修改。其中的「全部取代」功能可以讓我們批次修改表格中的資料，輕鬆處理錯誤值。

1. 尋找資料

常用的尋找方法很簡單：將游標定位到工作表中的任意儲存格，按下〔Ctrl〕＋〔F〕複合鍵，打開「尋找及取代」對話框，在【尋找】索引標籤的「尋找目標」文字方塊中輸入要尋找的內容，按一下〔找下一個〕按鈕，即可使游標定位到符合條件的儲存格；或者按一下〔全部尋找〕按鈕，即可顯示所有符合條件的儲存格資訊。

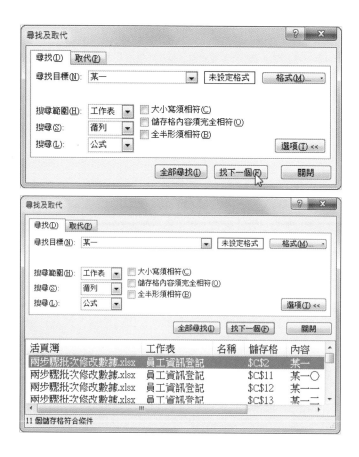

如果要尋找的內容不是很精確，例如，要尋找以 XXX 開頭的字串、以 XXX 結尾的字串、包含有 XXX 的字串或 XXX 排在第 N 位元的字串等，可以使用萬用字元進行模糊尋找。

例如，要在員工資訊登記中尋找出 2000 年後出生的員工，只需要在「尋找目標」文字方塊中輸入「??????20*」進行尋找即可。這是因為員工編號中第 7 位到第 10 位是出生年份，要尋找 2000 年後出生的員工，即尋找 20XX 年出生的員工。「?」代表任意單個字元，「*」代表任意多個字元，用 6 個「?」占位，表示 20 前有 6 個數字，用「*」表示 20 後有任意多個字元。當然，在這裡的「*」其實是可以省略的。

綜上所述，使用萬用字元進行模糊尋找的時候，「尋找目標」的寫法如下表。

尋找目標	「尋找目標」的寫法
以 XXX 開頭的字串	XXX*
以 XXX 結尾的字串	*XXX
包含 XXX 的字串	*XXX*
XXX 排在第 N 位元的字串	?（N 個）XXX*

TIPS　選取工作表中某個資料區域後，執行尋找或取代操作時，操作將只在該資料區域中進行。

2. 取代資料

在資料分析中，很可能出現錯誤值的問題。比如，一份調查問卷中，某些問題被受訪者避而不答，或者資料輸入時漏錄了某些資料，或者資料儲存出現問題缺失了某些資料……只要資料錯誤值在 10% 以下，就是可以接受的。

在 Excel 表格裡，錯誤值常常以空值或者錯誤識別字（如「#NUM!」）的形式出現。利用前面的尋找方法，我們很快就能從「海量」的資料資訊中找出這些錯誤值，可是怎麼處理它們呢？可以參考「專家級」處理思維。

◆**將有錯誤值的記錄刪除**，但是可能會導致樣本量過少。

◆**將有錯誤值的個案保留**，只在相關的分析中做必要的排除，這適合調查的樣本量比較大、錯誤值數量不多、變數間關係不太密切的情況。

◆**用一個樣本統計量的值代替錯誤值**，比如，用這個變數的樣本平均值代替錯誤值。

◆**用一個統計模型計算出來的值代替錯誤值**，不過這需要專業的資料分析人士用專業的資料分析軟體處理。

Excel 取代快速鍵小技巧！
想要把整個文件中的 A 詞替換成 B 詞？按下〔Ctrl〕+〔H〕，在取代框輸入要取代的詞，就不用一個個費心找了

其中，第 3 條處理辦法就可以用「取代」功能輕鬆完成，比如，在問卷調查結果中，用相關的樣本平均值替代各題的空值答案。

Step 1 選取 B1:B1001 儲存格區域，按下〔Ctrl〕＋〔H〕複合鍵，打開「尋找及取代」對話框，在【取代】索引標籤的「尋找目標」文字方塊中輸入要尋找的內容，按一下〔全部尋找〕按鈕，確認尋找的結果。在「取代為」文字方塊中輸入要取代的內容，按一下〔全部取代〕按鈕。

Step 2 跳出提示對話框，顯示尋找並取代的儲存格數量，按一下〔確定〕按鈕進行確認，然後重複上面的步驟，即可取代調查問卷中各題的錯誤值。

TIPS 「儲存格內容須完全相符」核取方塊用於限定尋找目標，例如，尋找「1」時，若不勾選，將尋找出值為「1」、「11」、「101」等的儲存格。

∃ | 整理格式雜亂的資料表

前面已介紹過，要讓資料表「有一說一」，這裡面有一維統計表和二維統計表的問題，也有儲存格資料輸入不規範的問題。還沒來得及犯的錯，我們當然可以及時糾正，可是那些不及格的資料表，我們還能不能拯救它們？

對於高手來說，要拯救不及格的資料表當然不成問題。下面就來看看如何做出及格的資料表吧！

讓儲存格內容一分為二

我們前面講到需要讓儲存格「有一說一」的時候，也看過類似這樣籠統的成績表，無法展開資料分析工作，除非把它「變」回一張規規矩矩的來源資料表。怎麼「變」呢？

	A	B	C
1	姓名（學號）	國語、數學、英文	平時成績
2	王一（1200101）	118、132、104	19
3	董二（1200102）	122、102、99	20
4	李三（1200103）	114、98、107	17
5	張四（1200104）	98、112、104	20
6	蔣五（1200105）	118、122、94	20
7	周六（1200106）	133、129、119	19
8	趙七（1200107）	117、98、110	20
9	江八（1200108）	110、120、121	18

成績表

使用邏輯與文字函數可以達到將儲存格中的資料「一分為二」的效果，但是我們完全可以使用更輕鬆、更簡單的辦法來解決這個問題。Excel 中提供了資料分列功能，利用它，輕輕鬆鬆就可以將儲存格的內容「一分為二」，而且它還很人性化地提供了兩種「分」法。

◆**固定寬度**：按固定的寬度分開資料，對儲存格中的欄位長度有所要求。

◆**分隔符號**：按分隔符號號分開資料，適用於使用了相同的分隔符號號的資料。

以上一頁的成績表為例，先看看儲存格資料的情況，選擇適當的分隔方法。比如成績表中的「姓名（學號）」列，由「括弧」分隔姓名和學號資料，同時欄位長度也很「整齊」，兩種分隔方法都可以使用；而「國語、數學、英文」列使用「分隔符號」法更恰當。來試試看使用「分列」功能把資料「一分為二」。

1. 運用「固定寬度」分開資料

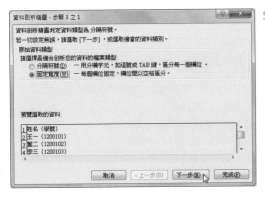

Step 1 在 A 列後插入一列空白儲存格，為分列後的資料提供放置位置，選取 A 列，然後切換到【資料】索引標籤，按一下〔資料剖析〕按鈕，會跳出「資料剖析精靈」對話框，此時為第 1 步，選擇「固定寬度」單選項，確認要分列的資料，按一下〔下一步〕按鈕。

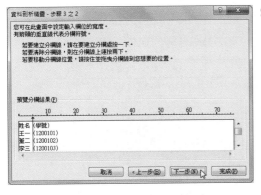

Step 2 接著在「資料預覽」區域設定分列線，完成後按一下〔下一步〕按鈕。

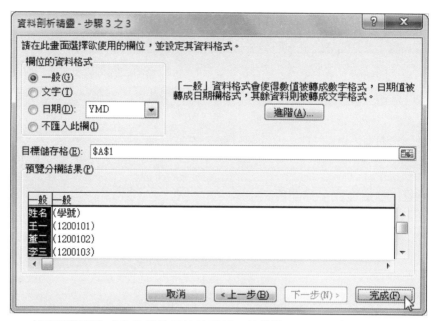

Step 3 設定列資料格式和放置的目的地區域，然後按一下〔完成〕按鈕，跳出提示對話框，按一下〔確定〕按鈕取代儲存格內容。

	A	B	C	D
1	姓名（	學號）	語文、數學、外語	平時成績
2	王一（	1200101）	118、132、104	19
3	董二（	1200102）	122、102、99	20
4	李三（	1200103）	114、98、107	17
5	張四（	1200104）	98、112、104	20
6	蔣五（	1200105）	118、122、94	20
7	週六（	1200106）	133、129、119	19
8	趙七（	1200107）	117、98、110	20
9	江八（	1200108）	110、120、121	18

成績表

Step 4 返回工作表可以看到資料分列後的效果。

TIPS

資料分列後，可以使用「全部取代」功能將表中多餘的「（」和「）」符號快速刪除。

2. 運用「分隔符號」分開資料

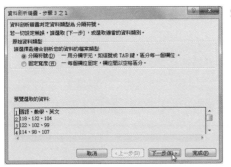

Step 1 在 C 列後插入兩列空白列，選取 C 列，按一下「分列」按鈕，在「欄位分列導向」對話框的第 1 步中選擇「分隔符號」單選項，按一下〔下一步〕按鈕。

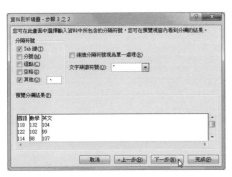

Step 2 選擇「分隔符號」單選項，設定分隔符號號為「、」，確認資料分隔預覽效果，然後按一下〔下一步〕按鈕。

◢	A	B	C	D	E	F
1	姓名（	學號）	國語	數學	英文	平時成績
2	王一（	1200101）	118	132	104	19
3	董二（	1200102）	122	102	99	20
4	李三（	1200103）	114	98	107	17
5	張四（	1200104）	98	112	104	20
6	蔣五（	1200105）	118	122	94	20
7	周六（	1200106）	133	129	119	19
8	趙七（	1200107）	117	98	110	20
9	江八（	1200108）	110	120	121	18

成績表

Step 3 設定列資料格式和放置的目的地區域，按一下〔完成〕按鈕；在跳出的提示對話框中按一下〔確定〕按鈕；返回工作表，即可看到資料分列後的效果。

有人可能會擔心：「如果遇到儲存格中的欄位長度不整齊，資料也沒有使用統一的分隔符號號，或者根本沒有使用分隔符號的情況，怎麼辦？」

這時候，如果分隔符號「品種」不多，我們可以用「取代」功能將不統一的分隔符號修改成統一的。而終極手段就是使用邏輯與欄位函數提取資料資訊，進而達到「一分為二」的效果。

讓儲存格內容合二為一

有時候，我們也需要把多個儲存格的資料內容「合」起來，最常見的例子就是合併電話登記簿的區號和號碼。

有人說：「這簡單，不就是合併儲存格嗎？」可是在這個情況下合併儲存格已經行不通了。比如，選取 D2 和 E2 儲存格，按一下【常用】索引標籤中的〔跨欄置中〕按鈕，將跳出提示對話框，這時如果「確認」合併儲存格，則合併後只能保留最左上角的資料，無法達到將資料「合二為一」的效果。

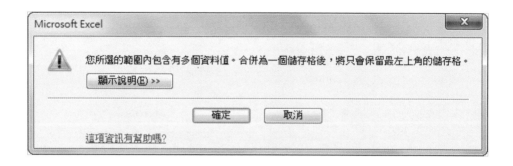

那怎麼辦？方法很簡單，我們可以用連字號「&」。「&」是運算子之一，作用就是用來連接欄位資料。以上表為例，在 F2 儲存格中輸入使用了連字號「&」的公式，然後用填滿控點複製公式到相關的儲存格中，就可以輕鬆合併電話區號。

本例公式為：

$$=D2\&"-"\&E2$$

	A	B	C	D	E	F
	F2		f_x	=D2&"-"&E2		
1	公司	部門	連絡人	區號	號碼	合併電話區號
2	台北XX有限	銷售部	汪二	010	6666666*	010-6666666*
3	新北XX科技	售後服務部	李三	023	8666666*	023-8666666*
4	基隆XX有限	銷售部	張一	023	8666666*	023-8666666*
5	台中XX工業	後勤採購處	章五	023	8886666*	023-8886666*
6	台南XX機械	南岸一廠	趙六	023	8888666*	023-8888666*
7	高雄XX電子	愛河店	王小二	023	8888866*	023-8888866*

不利統計的合併儲存格

下表是一張空調銷售業績表，輸入人員為了讓表格看起來有規律，把地區一項用合併儲存格的方法進行了處理。這樣看著好像是不錯，可是用資料篩選方法對其進行篩選，試圖篩選出北京地區的空調銷售業績時，就會發現有問題。

	A	B	C	D
1	地區	年份	銷售量	
2		2010	6890	
3	台北	2011	7782	
4		2012	7845	
5		2010	6577	
6	台南	2011	5466	
7		2012	4468	
8		2010	7550	
9	台中	2011	4568	
10		2012	7983	
11		2010	9852	
12	高雄	2011	8744	
13		2012	8766	
14				

空調銷售業績

	A	B	C	D
1	地區	年份	銷售量	
2	台北	2010	6890	
14				
15				
16				
17				
18				
19				
20				
21				
22				
23				
24				
25				

空調銷售業績

你或許會問：「按地區篩選的台北空調銷售業績資料居然只有一條記錄，可是表中明明有三條，這是怎麼回事？」這個問題就出在「合併儲存格」功能上。

在表格中合併儲存格後，會影響資料篩選、資料排序和資料匯總等操作，進而造成各種錯誤。所以，千萬別把「合併儲存格」用到來源資料表裡。它只適合用於不需要做資料分析和列印的表單中，例如，應聘人員登記表、社區出入登記表、員工宿舍卡等。

有什麼辦法能把合併了儲存格的來源資料表「變」回來？要知道，僅僅是取消儲存格合併可不行，拆分出來的儲存格是空值，還得把資料「變」進去。

一個一個儲存格地輸入？用填滿控點進行複製？都不對！讓我們向 Excel 高手學學，怎麼把合併的儲存格「變」回來吧！

Step 1 選取 A2:A13 儲存格區域，在【常用】索引標籤中按一下〔跨欄置中〕按鈕拆分儲存格。在【常用】索引標籤的「編輯」群組中，執行「尋找與選取」→「特殊目標」命令，打開「特殊目標」對話框，選擇「空格」選項，按一下〔確定〕按鈕。

◢	A	B	C	D
1	地區 ▾	年份 ▾	銷售量 ▾	
2	台北	2010	6890	
3	=A2	2011	7782	
4		2012	7845	
5	台南	2010	6577	
6		2011	5466	
7		2012	4468	
8	台中	2010	7550	
9		2011	4568	
10		2012	7983	
11	高雄	2010	9852	
12		2011	8744	
13		2012	8766	
14				

空調銷售業績

Step 2 此時 A2:A13 儲存格區域中的空白儲存格被同時選取，因為游標定位在 A3 儲存格。因此，在其中輸入「=A2」。

TIPS 使用該公式，即表示空白儲存格的內容與上一個儲存格一樣；若游標定位在 A7 儲存格，則輸入「=A6」，以此類推。

◢	A	B	C
1	地區	年份	銷售量
2	台北	2010	6890
3	台南	2010	6577
4	台中	2010	7550
5	高雄	2010	9852
6	台北	2011	7782
7	台南	2011	5466
8	台中	2011	4568
9	高雄	2011	8744
10	台北	2012	7845
11	台南	2012	4468
12	台中	2012	7983
13	高雄	2012	8766

Step 3 按下〔Ctrl〕+〔Enter〕複合鍵，批次輸入即可，各儲存格中填充的公式會自動轉為相對參照模式。

TIPS 在拆分出的空白儲存格裡輸入的是公式，而非欄位。為了便於以後操作，避免出現一些不必要的錯誤，可以使用「複製」→「貼上值」的方法將公式轉換為數值。

行列互換其實很簡單

看看下面的兩張表就會發現，這就是同一張資料表「站著」和「躺著」的兩種不同「姿勢」。

	A	B	C
1	地區	年份	銷售量
2	重慶	2010	9852
3	上海	2010	7550
4	北京	2010	6890
5	南京	2010	6577
6	重慶	2011	8744
7	北京	2011	7782
8	南京	2011	5466
9	上海	2011	4568
10	重慶	2012	8766
11	上海	2012	7983
12	北京	2012	7845
13	南京	2012	4468

	A	B	C	D	E	F	G	H	I	J	K	L	M
1	地區	重慶	上海	北京	南京	重慶	北京	南京	上海	重慶	上海	北京	南京
2	年份	2010	2010	2010	2010	2011	2011	2011	2011	2012	2012	2012	2012
3	銷售量	9852	7550	6890	6577	8744	7782	5466	4568	8766	7983	7845	4468

讓資料表「站著」可比讓它「躺著」看得清楚明白吧。

有人會問：「怎麼能讓躺著的表格站起來？」其實相當簡單，只要選取資料區域，按下〔Ctrl〕＋〔C〕複合鍵複製，然後在工作表空白處進行選擇性貼上，利用其中的「轉置」功能，即可完成。

複製好資料區域後，有兩種辦法可以轉置貼上：

◆**執行「選擇性貼上」命令**：在【常用】索引標籤中執行「貼上」→「選擇性貼上」命令，或者在右鍵快速選單中執行「選擇性貼上」→「選擇性貼上」命令，或者按下〔Ctrl〕＋〔Alt〕＋〔V〕複合鍵，都可以打開「選擇性貼上」對話框，在其中勾選「轉置」核取方塊，然後按一下〔確定〕按鈕，即可執行轉置貼上。

◆**透過「貼上選項」按鈕**：直接將資料貼上到工作表的空白處，此時貼上區域右下角出現「貼上選項」按鈕，按一下該按鈕打開「貼上選項」選單，按一下其中的「轉置貼上」按鈕，即可轉置貼上。

Excel 的「選擇性貼上」為用戶提供了多種便利的貼上功能，常用的有貼上值、貼上公式、貼上格式等。

TIPS

Chapter4
資料統計方法篇

資料統計是資料處理的重要一步，也是進行資料分析的「臨門一腳」，在計算資料的過程中，我們會用到公式、陣列公式和最「重量級」的函數。

1 | 統計之前，先搞懂邏輯

公式和函數的使用複雜嗎？當然複雜。就算捧著堪比詞典的「Excel 公式與函數」工具書，若沒有正確的思維，也會被各類函數給弄得頭昏眼花，茫然不知所措。

資料統計簡單嗎？很簡單，只要摸對了方向，誰都能舉一反三、輕鬆地得到需要的資料統計結果。就來看看怎麼讓資料統計更簡單吧！

認識公式和函數

在介紹怎麼輸入函數的時候，我們簡單地介紹過：「在 Excel 中，函數的作用其實就是讓指定的資料按照一定的規則作業，最終轉化成我們需要的結果。這個規則就是一些預定義的公式。」

這個認識很淺顯易懂，但是不夠「專業」和深入。要想在統計資料時能夠快速掌握方向，正確使用公式和函數，還需要進一步加深對公式和函數的認識和理解。

1. 公式與運算子

公式常用來進行簡單的資料計算，例如，需要計算某產品的銷售額，已知資料有產品單價和銷售數量，它們與銷售額的關係如圖，因此輸入公式：**=E2*F2**。是不是很簡單？

DAYS...	▾	✕ ✓	fx	=E2*F2		
▲	A	B	C	D	E	F	G
1	銷售額=單價*銷售數量			產品名稱	單價	銷售數量	銷售額
2				產品1	$ 35.00	20	=E2*F2

說到公式，就不得不提到運算子。在使用公式計算資料的時候，運算符的作用就是連接公式中的操作符，是工作表處理資料的指令。例如「=」和「*」。

在 Excel 中，運算子分為 4 種類型：算術運算子、比較運算子、字串運算子和引用運算子。

◆常用的算術運算子主要有：加號 **+**、減號 **-**、乘號 *****、除號 **/**、百分號 **%** 以及平方 **^**。

◆常用的比較運算子主要有：等號 **=**、大於 **>**、小於 **<**、小於或等於 **<=**、大於或等於 **>=** 以及不等號 **<>**。

◆字串連接運算子只有「與」符號 **&**，該符號用於將兩個字串值連接或串起來產生一個連續的欄位值。

◆常用的引用運算子有：區域運算子 **:**、聯合運算子 **,**，還有交叉運算子（即空格）。

需要注意的是，在公式的應用中，每個運算子的優先順序是不同的。在一個混合運算的公式中，對於不同優先順序的運算，按照從高到低的順序進行計算。對於相同優先順序的運算，按照從左到右的順序進行計算。

各種運算子的優先順序（從高到低）為：冒號（:）→空格、逗號（,）→負數（-）→百分號（%）→平方（^）→乘號（*）或除號（/）→加號（+）或減號（-）→連字號（&），以及比較運算子（=）、（<）、（>）、（<=）、（>=）、（<>）。

例如，公式 **=A1+A2*(A3+A4)** 的運算順序就是：

(A3+A4)	→	A2*(A3+A4)	→	A1+A2*(A3+A4)

2. 函數式的組成

要想能夠舉一反三地使用函數，除了要學會尋找和輸入函數，更重要的一點，是理解函數式的組成、理解函數參數的意義，進而真正掌握函數的應用。

在介紹輸入函數的時候已經提到：一個函數通常包含識別字、函數名和參數。比如，=IF(B3>A3,1,0)，其中的「=」是識別字，「IF」是函數名，「B3>A3」、「1」和「0」是參數。

=IF(B3>A3, 1, 0)

識別字　函數名稱　函數參數

下面來看看識別字、函數名和參數的功能。

◆**識別字**：在 Excel 表格中輸入函數式時，必須先輸入 =，= 通常被稱為函數式的識別字。

◆**函數名稱**：函數要執行的運算，位於識別字的後面，通常是其對應功能的英文單詞縮寫。

◆**函數參數**：緊跟在函數名稱後面的是一對半形括弧 ()，被括起來的內容是函數的處理內容，即參數表。

來看看函數參數，我們會發現，函數的參數既可以是常量，如「1」；或公式如「B3>A3」，也可以為其他函數。常見的函數參數類型有以下幾種。

◆**常量參數**：主要包括字串，如「蘋果」；數值，如「1」；以及日期，如「2015-3-14」等內容。

◆**邏輯值參數**：主要包括邏輯，如「TURE」、「FALSE」以及邏輯判斷運算式等。

◆**儲存格傳址參數**：主要包括引用單個儲存格，如「A1」；和引用儲存格區域，如「A1:C2」。

◆**函數式**：在 Excel 中可以使用一個函數式的傳回結果作為另外一個函數式的參數，這種方式稱為函數嵌套，如「=IF（A1>8," 優 ",IF（A1>6," 合格 "," 不合格 "））」。

◆**陣列參數**：函數參數既可以是一組常量，也可以為儲存格區域的引用。

3. 函數的分類

Excel 的函式程式庫中提供了多種函數，在〔插入函數〕對話框中都可以查找到。要做一名 Excel 資料分析「專家」，那麼對函數的分類要有一個起碼的認識。

按函數的功能，通常將其分為以下幾類。

◆**文字函數**：用來處理公式中的文字字串。如 TEXT 函數可將數值轉換為欄位，LOWER 函數可將文字字串的所有字母轉換成小寫形式等。

◆**邏輯函數**：用來測試是否滿足某個條件，並判斷邏輯值。其中，IF 函數使用非常廣泛。

◆**日期和時間函數**：用來分析或操作公式中與日期和時間有關的值。如 DAY 函數可傳回以序號表示的某日期在一個月中的天數等。

◆**數學和三角函數**：用來進行數學和三角方面的計算。其中，三角函數採用弧度作為角的單位，如 RADIANS 函數可以把角度轉換為弧度等。

◆**財務函數**：用來進行有關財務方面的計算。如 DB 函數可傳回固定資產的折舊值，IPMT 函數可傳回投資回報的利息部分等。

◆**統計函數**：用來對一定範圍內的資料進行統計分析。如 MAX 函數可傳回一組數值中的最大值，COVAR 函數可傳回共變異數等。

◆**檢視與參照函數**：用來尋找清單或表格中的指定值。如 VLOOKUP 函數可在表格陣列的首列尋找指定的值，並由此傳回表格陣列當前行中其他列的值等。

◆**資料庫函數**：主要用來對儲存在資料清單中的數值進行分析，判斷其是否符合特定的條件。如 DSTDEVP 函數可計算資料的標準差。

◆**資訊函數**：用來幫助使用者確認儲存格中的資料所屬的類型或儲存格是否為空等。

◆**工程函數**：用來處理複雜的數字，並在不同的計數體系和測量體系中進行轉換，主要用在工程應用程式中。使用這類函數時還必須執行載入巨集命令。

◆**其他函數**：Excel 還有一些函數沒有出現在〔插入函數〕對話框中，它們是命令、自訂、巨集控制項和 DDE 等相關的函數。此外，還有一些使用載入巨集新增的函數。

陣列公式處理大數據

公式和函數的輸入都是從「＝」開始的，輸入完成後按〔Enter〕鍵，計算結果就會顯示在儲存格裡。

當使用陣列公式時，在輸入完成後，不要按〔Enter〕鍵，而是按〔Ctrl〕＋〔Shift〕＋〔Enter〕複合鍵才能確認輸入陣列公式。正確輸入陣列公式後，可以看到公式的兩端出現一對大括弧「{}」，這是陣列公式的標誌。

看到這裡有人會問：「陣列公式是什麼？有什麼用？」其實，所謂陣列，就是單元的集合或是一組處理的值集合；而陣列公式就是對兩組或多組名為陣列參數的值進行多項運算，然後傳回一個或多個結果的一種計算公式。

例如這張利用陣列公式計算銷售額的表格。

◢	A	B	C	D	E
1	產品	銷售數量	單價		銷售額
2	a	10	$ 5.00		$ 50.00
3	b	10	$ 5.00		$ 50.00
4	c	20	$ 10.00		$ 200.00
5	d	20	$ 10.00		$ 200.00
6		↑	↑		{=B2:B5*C2:C5}
7		陣列1	陣列2		陣列公式

簡單地說，陣列公式與一般公式（單值公式）最大的不同之處在於，陣列公式可以產生一個以上的結果，一個陣列公式可以佔用一個或多個單元。以上表為例，選取E2:E5儲存格區域，輸入陣列公式「{=B2:B5*C2:C5}」，就可以得到各產品的銷售額。

其中的陣列公式「{=B2:B5*C2:C5}」表示：將 B2:B5 儲存格區域中的每個儲存格
（陣列參數 1）與 C2:C5 儲存格區域中的每個對應的儲存格（陣列參數 2）相乘。
而使用一般公式（單值公式）則需要在 E2 到 E5 儲存格中分別輸入對應的公式，如
「=B2*C2」、「=B3*C3」、「=B4*C4」和「=B5*C5」。

在 Excel 中，陣列公式非常有用，尤其在不能使用工作表函數直接得到結果時，它可
以新增產生多值或對一組值而不是單個值進行操作的公式。以求合計發放員工薪資金
額為例，使用陣列公式計算，就可以省略計算每個員工的實發薪資這一步，直接得到
合計發放薪資金額。

	C7	fx	{=SUM(B2:B6-C2:C6)}	
	A	B	C	D
1	員工編號	應發工資	扣保險	實發工資
2	1	1500	170	
3	2	1550	170	
4	3	1600	170	
5	4	1800	170	
6	5	1850	170	
7	合計發放工資		7450	

▲在 C7 儲存格中輸入陣列公式「=SUM(B2:B6-C2:C6)」。按〔Ctrl〕+〔Shift〕+〔Enter〕複合鍵確
認輸入陣列公式即可。

TIPS　=SUM(B2:B6-C2:C6) 意為將 B2:B6 單元格區域中的每個儲存格與 C2:C6 儲存格區域中每
個對應的儲存格相減，然後將每個結果加起來求和。

找出公式裡的錯誤

計算資料出了錯,卻不知道「錯在哪裡」怎麼辦?不用著急,Excel提供了「公式稽核」
工具,能夠幫助我們快速找出錯誤。

1. 讓公式「現身」

大家都知道,輸入公式和函數之後,按下〔Enter〕鍵,就會在儲存格裡顯示計算結果,
在稽核公式時,「公式稽核」工具就提供了方便的檢查方式:切換到【公式】索引標
籤,按下「公式稽核」群組中的〔顯示公式〕按鈕,即可顯示工作表中的所有公式。

	A	B	C	D	E	F	G
1	員工姓名	應發工資	加班補貼	餐補	社保扣除	請假扣除	實發工資
2	甲一	1800	100	100	170	50	=SUM(B2:D2)-E2-F2
3	乙二	1800	0	100	170	0	=SUM(B3:D3)-E3-F3
4	丙三	1800	50	100	170	0	=SUM(B4:D4)-E4-F4
5	丁四	1800	50	100	170	25	=SUM(B5:D5)-E5-F5
6	戊五	1800	50	100	170	150	=SUM(B6:D6)-E6-F6
7	己六	1800	50	100	170	0	=SUM(B7:D7)-E7-F7
8	庚七	1800	100	100	170	0	=SUM(B8:D8)-E8-F8
9	辛八	1800	100	100	170	0	=SUM(B9:D9)-E9-F9
10	壬九	1800	100	100	170	50	=SUM(B10:D10)-E10-F10
11	癸十	1800	0	100	170	0	=SUM(B11:D11)-E11-F11

工資統計表

再次按一下「顯示公式」按鈕,就可以快速取消公式顯示狀態,讓公式重新「藏起來」。
TIPS

2.「追蹤」儲存格

只讓資料表中的公式「現身」還不夠，在公式有錯誤的時候，我們還得對錯誤原因追根究底。Excel 還提供了「追蹤前導參照」和「追蹤從屬參照」這兩個功能，輔助我們尋找公式的錯誤原因。

◆**追蹤前導參照**：是指查看當前公式是引用哪些儲存格進行計算的。

	G2	▾	f_x	=SUM(B2:D2)-E2-F2			
	A	B	C	D	E	F	G
1	員工姓名	應發工資	加班補貼	餐補	社保扣除	請假扣除	實發工資
2	甲一	1800	100	100	170	50	1780
3	乙二	1800	0	100	170	0	1730
4	丙三	1800	50	100	170	0	1780
5	丁四	1800	50	100	170	25	1755
6	戊五	1800	50	100	170	150	1630

▲選取要查看的儲存格，在【公式】索引標籤的「公式稽核」群組中按一下〔追蹤前導參照〕按鈕，即可使用箭號顯示資料來源引用指向。

◆**追蹤從屬參照**：與追蹤前導參照相反，執行追蹤從屬參照操作後，將顯示箭號指示受當前所選儲存格影響的儲存格。

	D2	▾	f_x	100			
	A	B	C	D	E	F	G
1	員工姓名	應發工資	加班補貼	餐補	社保扣除	請假扣除	實發工資
2	甲一	1800	100	100	170	50	1780
3	乙二	1800	0	100	170	0	1730
4	丙三	1800	50	100	170	0	1780
5	丁四	1800	50	100	170	25	1755
6	戊五	1800	50	100	170	150	1630

▲選取要查看的儲存格，在【公式】索引標籤的「公式稽核」群組中按一下「追蹤從屬參照」按鈕，即可使用箭號顯示受當前所選儲存格影響的儲存格資料從屬指向。

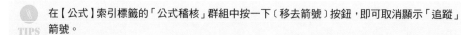

TIPS　在【公式】索引標籤的「公式稽核」群組中按一下〔移去箭號〕按鈕，即可取消顯示「追蹤」箭號。

3.「錯誤檢查」提醒

當使用的公式和函數出現錯誤時，選取出現錯誤的儲存格。

◀切換到【公式】索引標籤，按一下「公式稽核」群組中的〔錯誤檢查〕按鈕，即可打開「錯誤檢查」對話框，其中可以看到提示資訊，指出儲存格出現錯誤及錯誤原因，輔助尋找與修改公式錯誤。

TIPS 在「錯誤檢查」對話框中按一下〔下一個〕按鈕，將根據引導逐一檢查錯誤值，並獲取錯誤值產生的原因。

4.「評估值公式」來揪錯

Excel 公式審查的終極絕招就是評估值公式。顧名思義，評估值公式就是逐步求出公式的計算結果（根據優先順序求取），如果公式沒有錯誤，使用該功能可以便於對公式的理解；如果公式有錯誤，則可以快速找出導致發生錯誤的位置。

▲選取要評估值公式的儲存格，切換到【公式】索引標籤，按一下「公式稽核」組中的〔評估值公式〕按鈕，即可打開「公式評估值」對話框，連續按一下〔評估值〕按鈕，即可對公式逐一求值，完成後按一下〔關閉〕按鈕即可。

▍常見錯誤解析

如果工作表中的公式不能計算出正確的結果，系統會自動顯示出一個錯誤值，如「####」、「#VALUE!」等。下面列出一些常見的錯誤字元的含義和解決方法，以便對症下藥。

1. 「####」錯誤

日期運算結果為負值、日期數列超過系統允許的範圍，或在顯示資料時，儲存格的寬度不夠。

解決方法：出現以上錯誤後，可嘗試以下操作。

◆更正日期運算函數式，使其結果為正值。

◆使用輸入的日期數列在系統允許的範圍之內（1 ～ 2958465）。

◆調整儲存格到合適的寬度。

2. 「NULL!」錯誤

函數運算式中使用了不正確的區域運算子、不正確的單元格引用或指定兩個並不相交的區域的交點等。

解決方法：如果使用了不正確的區域運算子，則需要將其進行更正，才能正確傳回函數值，方法如下。

◆若要引用連續的儲存格區域，可使用冒號分隔對區域中第一個儲存格的引用和對最後一個儲存格的引用。如 SUM(A1:E1) 引用的區域為從儲存格 A1 到儲存格 E1。

◆若要引用不相交的兩個區域，可使用聯合運算符，即逗號「,」。如對兩個區域求和，可確保用逗號分隔這兩個區域，函數運算式為：SUM(A1:A5,D1:D5)。

如果是因為指定了兩個不相交的區域的交點，則更改引用，使其相交即可。

TIPS

3.「#VALUE!」錯誤

錯誤的主要原因可能是以下這幾種。

◆為需要單個值（而不是區域）的運算子或函數提供了區域引用。

◆當函數式需要數字或邏輯值時，輸入了文字。

◆輸入和編輯的是陣列函數式，但卻用退回鍵進行確認等。

例如，在某個儲存格中輸入函數式：= A1+A2，而 A1 或 A2 中有一個儲存格內容是文字，確認後，函數將會傳回上述錯誤。

解決方法：更正相關的函數類型，如果輸入的是陣列函數式，則在輸入完成後，使用〔Ctrl〕+〔Shift〕+〔Enter〕複合鍵進行確認。

4.「#DIV/0!」錯誤

當數字除以零（0）時，會出現此錯誤。如果使用者在某個單元格中輸入函數式：= A1/B1，如果 B1 儲存格為「0」或為空格時，確認後，函數式將傳回上述錯誤。

解決方法：修改引用的空白儲存格或在作為除數的儲存格中輸入不為零的值即可。

TIPS

如果引用了空白儲存格，即運算對象是空白儲存格時，Excel 會將其作為零（0）值處理。

5.「#REF!」錯誤

當儲存格引用無效時，會出現此錯誤，如函數引用的單元格（區域）被刪除、連結的資料不可用等。

解決方法：出現上述錯誤時，可嘗試以下操作：

◆修改函數式中無效的引用儲存格。

◆調整連結的資料，使其處於可用的狀態。

6.「#NAME?」錯誤

當 Excel 無法識別公式中的文字時，將出現此錯誤。例如，使用了錯誤的自訂名稱或名稱已被刪除、函數名稱拼寫錯誤、引用文字時沒有加引號（""）、用了中文狀態下的引號（「」），或者使用「分析工具庫」等增益集部分的函數，而沒有載入相關的巨集。

解決方法：首先針對的公式逐一檢查錯誤的物件，然後加以更正。如重新指定正確的名稱、輸入正確的函數名稱、修改引號，以及載入相關的巨集等。

◆使用了不存在的名稱。

解決方法：透過以下操作查看所使用的名稱是否存在。

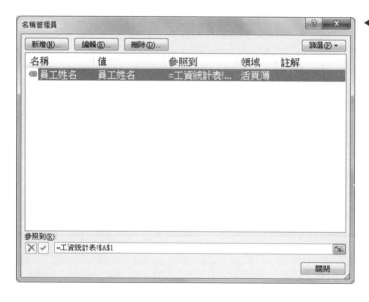

◀切換到【公式】索引標籤，在「已定義之名稱」群組中按一下〔名稱管理員〕按鈕，查看名稱是否列出，若名稱在對話框中未列出，可以按一下〔新增〕按鈕添加名稱。

如果函數名稱拼寫錯誤，就不能傳回正確的函數值。因此，在輸入時應仔細確認。

TIPS

◆在公式中引用文字時沒有使用英文狀態下的雙引號。

解決方法：雖然使用者的本意是將輸入的內容作為文字使用，但 Excel 會將其解釋為名稱。此時只需將公式中的文字用英文狀態下的雙引號引起來即可。

◆區域引用中漏掉了冒號「:」。

解決方法：請使用者確保公式中的所有區域引用都使用了冒號「:」。

◆引用的另一張工作表未使用單引號引起。

解決方法：如果公式中引用了其他工作表或者其他活頁簿中的值或儲存格，且這些活頁簿或工作表的名字中包含非字母字元或空格，那麼必須用單引號「'」將名稱引起。如：='預報表 1 月 '!A1。

◆使用了增益集的函數，而沒有載入相關的巨集。

解決方法：載入相關的巨集即可。

Step 1 切換到【檔案】索引標籤，按一下「選項」命令，打開「Excel 選項」對話框，選擇左方【增益集】索引標籤，在右側視窗的「管理」下拉清單中選擇「Excel 增益集」選項，然後按一下〔執行〕按鈕。

Step 2 在打開的「增益集」對話框中選擇需要載入的巨集，按一下〔確定〕按鈕即可。

7. 「#N/A」錯誤

錯誤值「#N/A」表示「無法得到有效值」，即當數值對函數或公式不可用時，就會出現此錯誤。

解決方法：可以根據需要選取顯示錯誤的儲存格，執行「公式」選項卡下「公式稽核」群組中的「錯誤檢查」命令，檢查下列可能的原因並進行解決。

◆缺少資料，在其位置輸入了 #N/A 或 NA()。

解決方法：遇到這種情況時，用新的資料代替「#N/A」即可。

◆為 MATCH、HLOOKUP、LOOKUP 或 VLOOKUP 等工作表函數的 lookup_value 參數賦予了不正確的值。

解決方法：確保 lookup_value 參數值的類型正確即可。

◆在未排序的工作表中使用 VLOOKUP、HLOOKUP 或 MATCH 工作表函數來尋找值。

解決方法：預設情況下，在工作表中尋找資訊的函數必須按從 A 到 Z 排序排序。但 VLOOKUP 函數和 HLOOKUP 函數包含一個 range_lookup 參數，該參數允許函數在未進行排序的表中尋找完全匹配的值。若使用者需要尋找完全匹配值，可以將 range_lookup 參數設定為「FALSE」。

此外，MATCH 函數包含一個 match_type 參數，該參數用於指定列表查找匹配結果時必須遵循的排序次序。若函數找不到匹配結果，可嘗試更改 match_type 參數；若要尋找完全匹配的結果，需將 match_type 參數設定為 0。

◆陣列公式中使用的參數的欄數（列數）與包含陣列公式的區域的欄數（列數）不一
致。

解決方法：若使用者已在多個儲存格中輸入了陣列公式，則必須確保公式引用的區域
具有相同的欄數和列數，或者將陣列公式輸入到更少的儲存格中。

A1	▼	f_x	{=B1:B10-C1:C8}

	A	B	C	D
1	-1	1	2	
2	-1	1	2	
3	-1	1	2	
4	-1	1	2	
5	-1	1	2	
6	-1	1	2	
7	-1	1	2	
8	-1	1	2	
9	#N/A	1		
10	#N/A	1		

▲例如，在高為 10 行的區域（A1:A10）中輸入陣列公式，但公式引用的區域（C1:C8）高為 8 行，
則區域 C9:C10 中將顯示「#N/A」。要更正此錯誤，可以在較小的區域中輸入公式，如「A1:A8」，
或將公式引用的區域更改為相同的行數，如「C1:C10」。

◆內建或自訂工作表函數中省略了一個或多個必須的參數。

解決方法：將函數中的所有參數完整輸入即可。

◆使用的自訂工作表函數不可用。

解決方法：請確保包含自訂工作表函數的活頁簿已經打開，而且函數工作正常。

◆運行的巨集程式輸入的函數傳回 #N/A。

解決方法：請確保函數中的參數輸入正確且位於正確的位置。

8.「#NUM!」錯誤

公式或函數中使用了無效的數值，會出現此錯誤。

解決方法：根據以下實際情況嘗試解決方案。

◆在需要數字參數的函數中使用了無法接受的參數。

解決方法：請確保函數中使用的參數是數字，而不是文字、貨幣以及時間等其他格式。例如，即使要輸入的值是 $1000，也應在公式中輸入 1000。

◆使用了進行反覆運算的工作表函數，且函數無法得到結果。

解決方法：為工作表函數使用不同的起始值，或者更改 Excel 反覆運算公式的次數即可。

更改 Excel 反覆運算公式的次數的方式如下：

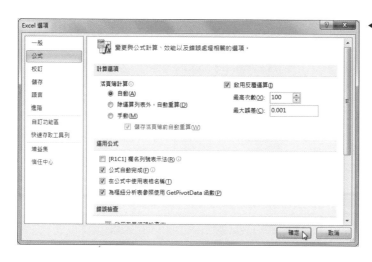

◀切換到【檔案】索引標籤，按一下「選項」命令，打開「Excel 選項」對話框。選擇左方【公式】選項，在右側視窗中勾選「啟用反覆運算」核取方塊，然後分別設定「最高次數」和「最大誤差」。完成後按一下〔確定〕按鈕即可。

TIPS　反覆運算次數越高，Excel 計算工作表所需的時間就越長；最大誤差值數值越小，結果就越精確，Excel 計算工作表所需的時間也越長。

◆輸入的公式所得出的數字太大或太小，無法在 Excel 中表示。

解決方法：更改公式，使運算結果介於「-1*10307」到「1*10307」之間。

⊇ | 函數的基本

**本節只介紹各類函數的一些常見用法，畢竟不管資料怎麼變化，嵌套函數多麼複雜，
其實都是萬變不離其宗的。**

▌擷取資料、數字轉換為文字

在日常工作中，文字函數的一個重要用處就是用於擷取和轉換表格數據。例如，從員
工編號中擷取出生日期，將數字轉換為大寫的中文字，傳回文字字串的字元數等。

1. 擷取出生日期

若要從員工編號中擷取出生日期，使用文字函數中的 MID 函數，再結合連接子「＆」，
可以輕鬆實現這一目的。函數 MID 的作用就是「從文字字串中指定的起始位置起，
傳回指定長度的字元」。

其函數語法為：

$$=MID(text,start\_num,num\_chars)$$

C2	▼	f_x	=MID(A2,7,4)&"年"&MID(A2,11,2)&"月"&MID(A2,13,2)&"日"

	A	B	C
1	字串	說明	結果
2	11122220130314****	從員工編號中擷取出生日期	2013年03月14日

其中，各項參數的含義如下：

◆ **text**：為包含要擷取字元的文字字串。

◆ **start_num**：用於指定文字中要擷取的第一個字元的位置。

◆ **num_chars**：用於指定從文字中傳回字元的個數。

2. 將數字轉換為大寫國字

在製作財務單據類表格的時候，常常需要輸入大寫國字格式的金額。而使用 NUMBERSTRING 函數可以將輸入的數字轉換為大寫國字，進而省去不少麻煩。

函數 NUMBERSTRING 的語法為：

=NUMBERSTRING(value,type)

C2	▼	𝑓ₓ	=NUMBERSTRING(A2,2)	
	A	B		C
1	字串	說明		結果
2	123456	將數位轉換為大寫國字		壹拾貳萬參仟肆佰伍拾陸

各項參數的含義如下：

◆ **value**：用於指定數值或數值所在的儲存格。

◆ **type**：用於指定中文字的表示方法，輸入「1」則使用「十百千萬」方式表示中文字，如將「123」轉換為「一百二十三」；輸入「2」使用大寫中文字方式，如「壹佰貳拾參」；輸入「3」則不去位數，按原樣表示，如「一二三」。

3. 傳回文字字串的字元數

某些時候，我們需要傳回或者計算出文字字串的字元數，用來作為嵌套函數的某一參數，此時可以使用 LEN 函數輕鬆實現這一目的。

函數 LEN 的語法為：

=LEN(text)

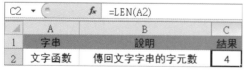

▶其中的參數 text 為要計算其長度的文字，而空格將作為字元進行計數。

C2	▼	𝑓ₓ	=LEN(A2)	
	A	B		C
1	字串	說明		結果
2	文字函數	傳回文字字串的字元數		4

函數 LEN 面向使用單一位元組字元集（SBCS）的語言，無論預設語言設定如何，函數 LEN 始終將每個字元（不管是單字節還是雙位元組）按 1 計數。

判別資料值、快速分類

要知道，在 Excel 中的邏輯函數不是很多，其中，AND、OR、NOT 函數常用來新增條件公式，在嵌套函數中使用。這種條件公式的新增很簡單，請參考下表。

條件	公式
a>b，並且 a>c	=AND(a>b,a>c)
a>b，或者 a>c	=OR(a>b,a>c)
a 不等於 b	=NOT(a=b)

而邏輯函數中，應用最廣泛的就是 IF 函數。在前面介紹如何處理雜亂的資料表時，我們其實已經見過 IF 函數的應用：使用 IF 函數判斷招聘試卷單選題答案的對錯，進而為其評分。

考號	答卷					評分				
	題1	題2	題3	題4	題5	題1	題2	題3	題4	題5
1	a	a	b	c	c	1	0	0	0	0
2	c	b	c	b	a	0	1	1	0	0
3	b	b	c	c	a	0	1	1	0	0
4	b	c	b	c	b	0	0	0	0	1
5	b	c	b	c	c	0	0	0	0	0
6	c	b	c	b	a	0	1	1	0	0
7	a	b	c	c	a	1	1	1	0	0
8	a	b	c	b	b	1	1	0	0	1
9	b	b	b	c	a	0	1	0	0	0
10	a	b	c	b	a	1	1	1	0	0

正確答案為 "abcab"，每答對1題計1分，每答錯1題計0分。

IF 函數最多可以嵌套 7 層，用於進行條件複雜的資料真假值判斷。經典的 IF 函數應用範例就是計算個人所得稅。我們都知道，根據薪資額度，應繳納的個人所得稅稅率也呈階梯變化，使用 IF 函數嵌套多重條件，就可以根據個人所得稅稅率相關規定，計算應繳納的金額。

H3		fx	=IF(F3<=500,F3*0.05,IF(F3<=2000,F3*0.1-25,IF(F3<=5000,F3*0.15-125,IF(F3<=20000,F3*0.2-375))))					
	A	B	C	D	E	F	G	H
1	單位名						時間：	2015年2月
2	編號	姓名	基本工資	獎金	補貼	應發工資	扣保險	扣所得稅
3	1	甲一	1550	6300	70	7920	155	1209
4	2	乙二	1550	598.4	70	2218.4	155	207.76
5	3	張三	1450	5325	70	6845	145	994
6	4	李四	1800	3900	70	5770	180	779
7	5	趙五	1250	10000	70	11320	125	1889
8	6	週六	1650	6000	70	7720	165	1169
9	7	高七	1800	5610	70	7480	180	1121
10	8	楚八	1450	6240	70	7760	145	1177
11	9	鄭九	1430	14000	70	15500	143	2725
12	10	王十	1100	6292.5	70	7462.5	110	1117.5

IF 函數的用處數不勝數，最後再看一個例子，使用 IF 函數評定成績等級。

D2		fx	=IF(C2>89,"優",IF(C2>79,"良",IF(C2>69,"中",IF(C2>59,"差","劣"))))	
	A	B	C	D
1	編號	姓名	綜合成績	等級
2	1	甲一	89	良
3	2	乙二	95	優
4	3	張三	78	中
5	4	李四	62	差
6	5	趙五	45	劣

日期、天數、時間換算

日期和時間函數常常用在時間的處理上，比如，
透過 TODAY 函數和 NOW 函數，輸入可以隨系
統及時更新的日期和時間。

	A	B
1	輸入當前日期	=TODAY ()
2	輸入當前時間	=NOW ()

此外，還可以轉換時間單位、計算時間差、對日期和時間求和等。

1. 轉換時間單位

5 個小時是多少分鐘，多少秒？8 年是多少天？下面我們來看看怎麼計算。我們都知
道，1 年等於 365 天，1 天等於 24 小時，1 小時等於 60 分鐘，1 分鐘等於 60 秒。那麼，
將小時轉換為分鐘，就乘以 60，轉換為秒時就乘以 2 個 60 ？其實不用那麼麻煩，使
用 CONVERT 函數就可以幫助我們完成時間單位的轉換。

函數 CONVERT 的作用就是將數字從一個度量系統轉換到另一個度量系統，其函數
語法為：

$$=CONVERT(number,from\_unit,to\_unit)$$

	A	B	C	D
1	數據	說明	公式	轉換結果
2	5	將小時轉換為分鐘	=CONVERT (A2, "hr", "mn"	300
3	5	將小時轉換為秒	=CONVERT (A3, "hr", "sec	18000
4	8	將年轉換為天數	=CONVERT (A4, "yr", "day	2922

各項參數的含義如下：

◆ **number**：指以 from_units 為單位的需要進行轉換的數值。

◆ **from_unit**：是數值 number 的單位。

◆ **to_unit**：為轉換後的單位。

在輸入參數 from_unit 和 to_unit 時，Excel 將提示可輸入的單位。

2. 計算時間差

要計算兩個日期之間有多少個工作日、幾年、幾個月……這些都可以透過日期和時間函數來輕鬆實現。不過在介紹計算時間差之前，先看看怎麼從日期資料中擷取出「年、月、日」。因為在計算時間差的過程中，很多時候會用到 YEAR、MONTH、DAY 函數。

	A	B	C	D
1	數據	說明	公式	結果
2	2015/3/14	擷取 "年"	=YEAR(A2)	2015
3		擷取 "月"	=MONTH(A2)	3
4		擷取 "日"	=DAY(A2)	14

下面使用 NETWORKDAYS 函數計算兩個日期之間的工作日。NETWORKDAYS 函數用於傳回兩個日期之間的工作日數值，該函數的語法為：

$$=NETWORKDAYS(start\_date,end\_date,[holidays])$$

D2	▼	f_x	=NETWORKDAYS(A2,B2)	
	A	B	C	D
1	開始日期	結束日期	說明	時間差
2	2015/3/14	2015/4/3	計算兩個日期之間的工作日	15

各參數的含義介紹如下：

◆ **start_date**：表示一個代表開始日期的日期。

◆ **end_date**：表示一個代表終止日期的日期。

◆ **holidays**：為可選項，指不在工作日曆中的一個或多個日期所構成的可選區域，例如，省 / 市和國家 / 地區的法定假日以及其他非法定假日。該清單可以是包含日期的儲存格區域，或者是表示日期序號的陣列常量。

再看看如何利用 YEAR、MONTH、DAY 函數計算兩個日期之間的年份數、月份數、天數吧！

	A	B	C	D	E
1	開始日期	結束日期	說明	公式	時間差
2	2010/3/5	2015/3/14	計算日期之間的年份數	=YEAR(B2)-YEAR(A2)	5
3	2015/3/5	2015/6/14	計算同年的日期之間的月份數	=MONTH(B3)-MONTH(A3)	3
4	2012/3/5	2015/6/14	計算隔年的日期之間的月份數	=(YEAR(B4)-YEAR(A4))*12+MONTH(B4)-MONTH(A4)	39
5	2015/3/5	2015/3/14	計算兩個日期之間的天數	=B5-A5	9
6		2015/6/14	計算當前日期距某日期的天數	=B6-TODAY()	-33

3. 對日期和時間求和

所謂對日期和時間求和，其實就是在某個日期（時間）的基礎上，追加天數、月數、年數（小時數、分鐘數、秒數）等。

DATE 函數的語法為：

$$=DATE(year,month,day)$$

TIME 函數的語法為：

$$=TIME(hour,minute,second)$$

	A	B	C	D	E
1	日期（時間）	追加	說明	公式	結果
2	2015/3/14	5	追加年數	=DATE(YEAR(A2)+B2,MONTH(A2),DAY(A2))	2020/3/14
3	2015/3/15	10	追加月數	=DATE(YEAR(A3),MONTH(A3)+B3,DAY(A3))	2016/1/15
4	2015/3/16	40	追加天數	=DATE(YEAR(A4),MONTH(A4),DAY(A4)+B4)	2015/4/25
5	10:25:05	12:13:15	追加時間（24小時制）	=A5+B5	22:38:20
6	10:25:10 AM	03:15:20	追加時間（12小時制）	=A6+TIME(3,15,20)	1:40:30 PM

TIPS 需要注意儲存格數字格式的設定，避免日期和時間求和結果所在的儲存格出現顯示錯誤。

快速計算投資未來值

財務函數的用處可真不少！透過 Excel 中的財務函數，可以輕鬆搞定利息、支付額、利率和收益率等複雜的財務計算。比如，計算貸款的月支付額、累計償還金額，計算年金的各期利率，計算資產折舊值，計算證券價格和收益等。

財務函數的用法並不複雜，若需要知道某項投資的未來收益情況，如 N 年後的存款總額，我們可以透過 FV 函數實現。

	A	B	C
1		6%	利率
2		10	付款總期數
3	數據	-$ 500.00	各期應付金額
4		-$ 500.00	現值
5	計算結果	$ 5,639.58	投資的未來值

FV 函數的語法為：

$$=FV(rate,nper,pmt,pv,type)$$

各參數的含義如下：

◆ **rate**：各期利率。

◆ **nper**：總投資期，即該項投資的付款期總數。

◆ **pmt**：各期所應支付的金額，其數值在整個年金期間保持不變，通常 pmt 包括本金和利息，但不包括其他費用及稅款，如果忽略 pmt，則必須包括 pv 參數。

◆ **pv**：現值，即從該項投資開始計算時已經入帳的款項，或一系列未來付款的當前值的累積和，也稱為本金。如果省略 PV，則假設其值為零，並且必須包括 pmt 參數。

◆ **type**：數字 0 或 1，用以指定各期的付款時間是在期初還是期末。如果省略 type，則假設其值為零。

> 由於投資是先付出金額，因此在輸入計算公式時，參數「pmt」和參數「pv」應為負數，這樣得出的計算結果才為正數，即未來的收益金額。

統計個數、平均值

Excel 的統計函數除了可以滿足專業的統計需要，還可用來計算概率分布和檢驗、計算共變異數與回歸等，在日常工作中，更多的作用是處理一些基礎的統計計算。比如：計算滿足條件的儲存格的個數、計算幾何平均值、傳回資料集中第 K 個最大值、基於樣本估算標準差等。

E12	▼	fx	=COUNTIF(B2:B11,"<90")

	A	B	C	D	E
1	學生姓名	語文	數學	英語	總成績
2	甲一	89	133	102	324
3	乙二	90	110	98	298
4	張三	112	142	132	386
5	李四	125	123	111	359
6	趙五	110	102	89	301
7	週六	128	95	120	343
8	高七	95	86	133	314
9	楚八	86	123	120	329
10	鄭九	106	108	110	324
11	王十	117	102	95	314
12	統計：語文成績不及格（<90分）的人數				2

▲計算「語文」成績不及格（即小於 90 分，滿分為 150 分）的人數。

來看看如何使用 COUNTIF 函數計算區域中滿足給定條件的儲存格的個數，語法為：

=COUNTIF(range,criteria)

各參數的含義如下：

◆ **range**：需要計算其中滿足條件的儲存格數目的儲存格區域。

◆ **criteria**：確定哪些儲存格將被計算在內的條件，其形式可以為數字、運算式、儲存格引用或文字。

尋找、檢視單筆資料

檢視與參照函數常被用來尋找儲存格區域中的數值。其中，HLOOKUP 函數、VLOOKUP 函數和 LOOKUP 函數在日常工作中應用十分廣泛。

1. 透過與首行的值對比來尋找值

當比較值位於資料表的首行，並且要尋找下面給定行中的資料時，可以通過 HLOOKUP 函數來實現。

	A	B	C	D	E
1	學生姓名	語文	數學	英語	總成績
2	甲一	89	133	102	324
3	乙二	90	110	98	298
4	張三	112	142	132	386
5	李四	125	123	111	359
6	趙五	110	102	89	301
7	周六	128	95	120	343
8	高七	95	86	133	314
9	楚八	86	123	120	329
10	尋找 "張三" 數學成績		142		

◀ 在成績表中尋找名為「張三」的學生的數學成績。

該函數的語法為：

=HLOOKUP(lookup_value,table_array,row_index_num,range_lookup)

各參數的含義介紹如下：

◆ **lookup_value**：用數值或數值所在的儲存格指定在陣列第一行中尋找的數值。

◆ **table_array**：指定查找範圍，即需要在其中查找數據的訊息表。如果 range_lookup 為 TRUE，則 table_array 的第一行的數值必須按升序排列：⋯-2、-1、0、1、2⋯、A-Z、FALSE、TRUE；否則，函數 HLOOKUP 將不能給出正確的數值。如果 range_lookup 為 FALSE，則 table_array 不必進行排序。

◆ **row_index_num**：為 table_array 中待傳回的匹配值的行號。row_index_num 為 1 時，傳回 table_array 第一行的數值，row_index_num 為 2 時，傳回 table_array 第二行的數值，以此類推。如果 row_index_num 小於 1，則 HLOOKUP 傳回錯誤值 #VALUE!；如果 row_index_num 大於 table_array 的行數，則 HLOOKUP 傳回錯誤值 #REF!。

◆ **range_lookup**：用 TRUE 或 FALSE 指定尋找方法。

2. 透過與首列的值對比來尋找值

如果需要尋找的值與其首列中的值有對應關係，可以透過 VLOOKUP 函數實現。

假設某學校規定學生的綜合實踐成績評級標準為：60 分以下為 D 級，60 分（包含 60）至 80 分為 C 級，80 分（包含 80）至 90 分為 B 級，90 分（包含 90）以上為 A 級。下面來看看如何靈活應用 VLOOKUP 函數將 B 列中的學生成績轉換為等級評價。

| C2 | fx | =VLOOKUP(B2,{0,"D";60,"C";80,"B";90,"A"},2) |

	A	B	C	D
1	學生姓名	綜合實踐成績	等級	
2	甲一	89	B	
3	乙二	90	A	
4	張三	75	C	
5	李四	68	C	
6	趙五	77	C	
7	周六	92	A	
8	高七	86	B	

該函數的語法為：

=VLOOKUP(lookup_value,table_array,col_index_num,range_lookup)

各參數的含義如下：

◆ **lookup_value**：用數值或數值所在的儲存格指定在陣列第一列中尋找的數值。如果為 lookup_value 參數提供的值小於 table_array 參數第一列中的最小值，則 VLOOKUP 將傳回錯誤值 #N/A!。

◆ **table_array**：指定尋找範圍。

◆ **col_index_num**：為 table_array 中待傳回的匹配值的列號。當 col_index_num 參數為 1 時，傳回 table_array 第一列中的值；col_index_num 為 2 時，傳回 table_array 第二列中的值，依此類推。

◆ **range_lookup**：一個邏輯值，指定希望 VLOOKUP 尋找完全相同的值還是最接近的值。如果 range_lookup 為 TRUE 或被省略，則傳回完全相同的值或最接近的值。如果找不到完全相同的值，則傳回小於 lookup_value 的最大值。

如果參數 range_lookup 為 TRUE 或被省略，則必須按升序排列 table_array 第一列中的值；否則，VLOOKUP 可能無法傳回正確的值。

3. 透過向量尋找值

這裡所說的「向量」，是指 Excel 表格中的單行區域或單列區域。如果需要從向量中尋找一個值，可以使用 LOOKUP 函數。以下根據員工姓名尋找銀行帳號為例，看看 LOOKUP 函數的使用方法。

	A	B	C	D	E	F	G	H	I	J
		B14 ▼		f_x	=LOOKUP(A14,B3:B12,J3:J12)					
1	單位名稱：					時間：	2015年5月1日			
2	編號	姓名	基本工資	獎金	補貼	應發工資	扣保險	扣所得稅	實發工資	銀行帳號
3	1	甲一	1550	6300	70	7920	155	1209	6556	888888881234567801
4	2	乙二	1550	598.4	70	2218.4	155	207.76	1855.64	888888881234567802
5	3	張三	1450	5325	70	6845	145	994	5706	888888881234567803
6	4	李四	1800	3900	70	5770	180	779	4811	888888881234567804
7	5	趙五	1250	10000	70	11320	125	1889	9306	888888881234567805
8	6	周六	1650	6000	70	7720	165	1169	6386	888888881234567806
9	7	高七	1800	5610	70	7480	180	1121	6179	888888881234567807
10	8	楚八	1450	6240	70	7760	145	1177	6438	888888881234567808
11	9	鄭九	1430	14000	70	15500	143	2725	12632	888888881234567809
12	10	王十	1100	6293	70	7462.5	110	1117.5	6235	888888881234567810
13	姓名	銀行帳號								
14	張三	888888881234567803								

該函數的語法為：

=LOOKUP(lookup_value,lookup_vector,result_vector)

各參數的含義介紹如下：

◆ **lookup_value**：函數在第一個向量中搜尋的值。

◆ **lookup_vector**：指定檢查範圍，只包含一欄或一列的區域。

◆ **result_vector**：指定函數傳回值的儲存格區域，只包含一欄或一列的區域。

TIPS　lookup_vector 中的值必須以從 A 到 Z 排序排列，否則函數可能無法傳回正確的值。而大寫的文字和小寫文字是相同的。

檢查、換算資料

資訊函數主要用來傳回相關的資訊、檢查資料和轉換資料等，工程函數則主要用來進行進公制間的換算和計算複數等。下面看看幾個的用法。

1. 傳回相關的資訊函數

當某一個函數的計算結果取決於特定儲存格中數值的類型時，可以使用 TYPE 函數，以傳回數值的類型。

TYPE 函數的語法為：

$$=TYPE(value)$$

其中，value 參數可以為任意的 Excel 數值。看看 TYPE 函數的用法：

◆參數的資料類型為**數值**時，傳回值為 1。

◆參數的資料類型為**文字**時，傳回值為 2。

◆參數的資料類型為**邏輯值**時，傳回值為 4。

◆參數的資料類型為**錯誤值**（#REF!）時，傳回值為 16。

◆參數的資料類型為**陣列**時，傳回值為 64。

2. 資料檢查與轉換

使用資訊函數可以輕鬆檢查資料是否為文字、奇數、偶數、邏輯值、空值、錯誤值等。如果需要將參數中指定的不是數值形式的值轉換為數值形式，可透過 N 函數實現。

N 函數的語法為：

$$=N(value)$$

其中，value 參數為指定轉換為數值的值。以下簡單介紹使用 N 函數將不同類型的資料轉換後的傳回值。

◆資料類型為**數字**時，傳回值將為數字。

◆資料類型為**文字**時，傳回值將為 0。

◆資料類型為**日期**時，傳回值將為該日期的序號。

◆資料類型為**邏輯值 TRUE** 時，傳回值將為 1。

◆資料類型為**邏輯值 FALSE** 時，傳回值將為 0。

◆資料類型為**錯誤值**時，傳回值也為錯誤值。

3. 資料換算

使用工程函數進行資料換算的方法很簡單。例如，將二進位數字與十進制數進行換算，只需要使用 DEC2BIN 函數和 BIN2DEC 函數即可。

	A	B	C	D
1	數據	公式	結果	說明
2	1010111	=BIN2DEC(A2)	87	將二進位數字轉換為十進位數字
3	25	=DEC2BIN(A3)	11001	將十進位數字轉換為二進位數字

DEC2BIN 函數用於將十進位數字轉換為二進位數，其語法為：

=DEC2BIN(number,places)

BIN2DEC 函數用於將二進位數字轉換為十進位數，其語法為：

=BIN2DEC(number)

各參數的含義如下：

◆ **number**：待轉換的十進位數字。

◆ **places**：要使用的字元數。如果省略，函數將用能表示此數的最少字元來表示。

使用 BIN2DEC 函數時，參數 number 為待轉換的二進位數字。

TIPS

其他常用函數

Excel 的功能十分強大，除了我們在前面介紹的函數類型，Excel 中還包含資料庫函數、外部函數和多維資料集函數等。其中，資料庫函數用於對清單或資料庫中的資料進行分析；外部函數用於從 Excel 以外的程式中擷取資料或進行歐洲貨幣換算；多維資料集函數用於傳回多維資料集中的成員、屬性值和專案數等。

看看使用資料庫函數計算員工銷售額的方法。這裡用到了 DPRODUCT 函數，該函數的作用是傳回資料庫的列中滿足指定條件的數值乘積。

DPRODUCT 函數的語法為：

=DPRODUCT(database,field,criteria)

各參數的含義如下：

◆ **database**：構成清單或資料庫的儲存格區域，或者儲存格區域的名稱。

◆ **field**：指定函數所使用的資料列。

◆ **criteria**：為一組包含給定條件的儲存格區域。

TIPS　清單中的資料必須在第一行居於標誌項。field 參數為文字時，兩端用帶引號的標誌項，如「銷售額」。此外，field 參數也可以是代表列表中資料列位置的數字。

使用 DPRODUCT 函數計算員工銷售額的步驟如下：

E9 ▼	fx	=DPRODUCT($A$1:$E$3,COLUMN(E1), $A$5:$E$7)

	A	B	C	D	E
1	姓名	張三	李四	趙武	周六
2	銷售量	117	210	198	174
3	單價	$80.00	$80.00	$80.00	$80.00
4					
5	姓名				
6	銷售量				
7	單價				
9	總銷售量	9360	16800	15840	13920

1. 開啟工作表，在 A1:E3 儲存格區域中輸入員工姓名、銷售量和單價等相關資料。

2. A5:E7 儲存格區域中輸入檢索條件，將其作為條件區域。

3. B9 儲存格中輸入公式：=DPRODUCT($A$1:$E$3,COLUMN(B1),$A$5:$E$7)，按下〔Enter〕鍵確認，得到第 1 個員工的銷售額。

4. 使用填滿控點將公式複製到 C9 至 E9 儲存格中。

TIPS　這裡使用了絕對引用來限定資料區域和條件區域的範圍，如「$A$1:$E$3」避免在使用填滿控點複製公式時，因為預設的相對參照而造成資料錯誤。

NOTE　COLUMN 函數用於傳回指定儲存格引用的列號，其語法為：=COLUMN(reference) 其中參數 reference 為可選項，為要傳回其列號的單元格或區域。如果省略該參數，並且函數是以水平陣列公式的形式輸入的，則 COLUMN 函數將以水平陣列的形式傳回參數 reference 的列號。

Chapter5
資料分析快速上手

①—②—③—④—⑤—⑥—⑦—⑧—⑨

檢驗一下我們已經完成的步驟：

✓ 明確資料分析的目的和內容

✓ 有目的地收集資料

✓ 拯救雜亂的資料表

✓ 根據需求進行資料統計

那還等什麼？趕緊開始進行資料分析吧！

1 | 進行資料分析之前

你有沒有遇到過這樣的情況呢？面對準備就緒的資料表，可是真要開始進行資料分析時卻無從下手。其實，這就像我們洗好了菜、切好了肉，卻不知道怎麼做一樣，都是因為缺少正確的思維和方法。

要做出滿意的資料分析報告，可不用專家級「大廚」，只要掌握了正確的「做菜」思維和方法，人人都能完成資料分析工作。

一看就懂的資料分析方法

千萬別以為方法論是很艱深的知識，其實所謂資料分析方法論，就是一種進行資料分析的思維，指導我們如何展開資料分析工作，明確要從哪方面入手，需要哪些內容或指標等，就像食譜——知道了要做什麼菜，就可以選一個食譜，按照食譜備料，根據食譜的指導一步一步進行製作。

資料分析方法就是的「炒菜」技巧，是用對比分析、分組分析、交叉分析還是綜合評價分析，這需要看是什麼「菜」，用的是哪個「食譜」。

透過接下來的例子看看幾個經典的資料分析「食譜」吧！右圖展示的是 5W2H 分析法，並舉例將它用在分析餐廳的定位上。該分析理論的基礎是 5W2H 管理理論模型，幾乎任何事情都可以從這 7 個方面著手進行思考，進而發現解決問題的線索，它稱得上是萬用的分析理論。

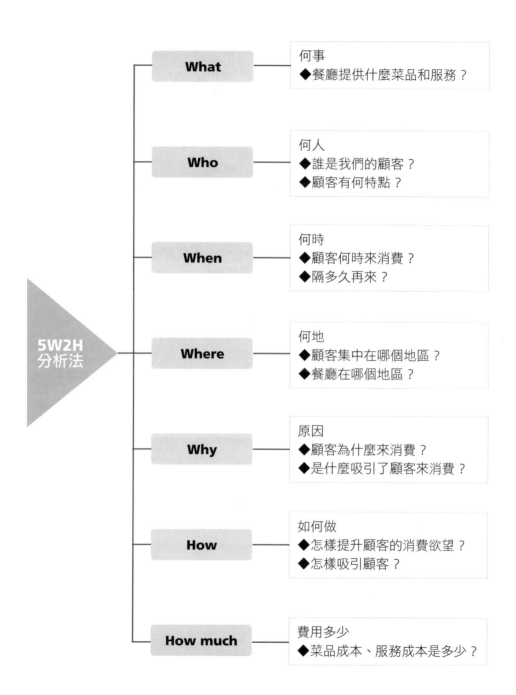

還有一個萬用的分析「食譜」就是邏輯樹（logical tree diagram）。邏輯樹分析法的關鍵就是將問題的所有子問題分層羅列，並逐步向下擴充，進而幫助我們釐清思維。

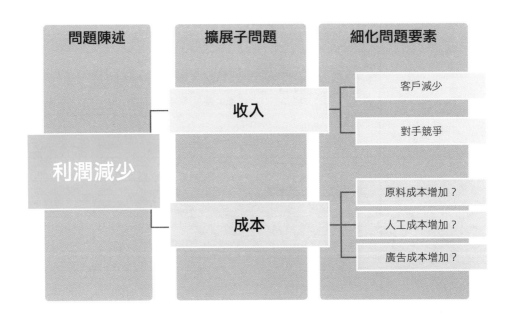

再來看看 PEST 分析法，這是基於 PEST 管理理論模型新增的資料分析框架，針對影響企業或活動等宏觀環境，進行的外部環境因素分析。

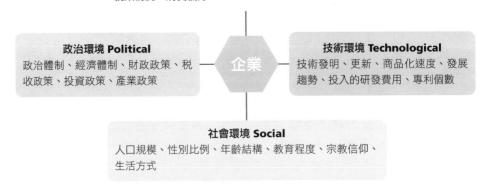

此外，還可以看看基於 **4P 行銷理論**新增的資料分析框架。所謂 4P 行銷理論，簡單地說，就是將行銷組合的幾十個要素概括分為 4 類，進而建立起來的行銷理論模型。需要注意的是，在實際運作中，價格（價格決策）會對產品的銷售情況、企業的促銷行為、企業的利潤和成本補償等方面產生不小的影響。

4P 行銷理論	
產品 **Product** ◆公司提供什麼產品和服務？ ◆產品是否符合使用者需求？ ◆產品針對什麼樣的使用者？ ◆哪類產品銷量好？	**價格** **Price** ◆產品基本價格是多少？ ◆折扣價格可以多少？ ◆支付期限和支付方式？ ◆消費者接受的價位？ ◆公司的銷售收入如何？
管道 **Place** ◆公司在各地有多少銷售管道？ ◆各地覆蓋率多少？ ◆用戶購買管道？ ◆各地用戶的組成？	**促銷** **Promotion** ◆是否需要促銷活動？ ◆廣告宣傳投入多少？ ◆效果如何？

▲ 4P 行銷理論分析法──用於公司業務分析（有助於全面瞭解公司的整理運營情況）

這裡還有一個很實用的資料分析理論，就是使用者使用行為理論。所謂使用行為，簡單地說，就是使用者為了獲取、使用有形產品或服務而採取的各種行動。使用者使用行為有一個完整的過程，利用它可以輕鬆梳理出相關指標間的邏輯關係。

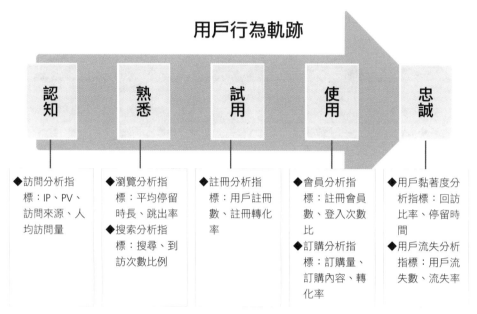

用戶行為軌跡

認知	熟悉	試用	使用	忠誠
◆訪問分析指標：IP、PV、訪問來源、人均訪問量	◆瀏覽分析指標：平均停留時長、跳出率 ◆搜索分析指標：搜尋、到訪次數比例	◆註冊分析指標：用戶註冊數、註冊轉化率	◆會員分析指標：註冊會員數、登入次數比 ◆訂購分析指標：訂購量、訂購內容、轉化率	◆用戶黏著度分析指標：回訪比率、停留時間 ◆用戶流失分析指標：用戶流失數、流失率

▲用戶使用行為理論分析法－－用於用戶的行為研究分析
（目前常用於網站、智慧手機、應用程式等使用者的行為研究分析）

怎麼樣？找到資料分析的思維了嗎？接著來看看該如何應用吧！

▎分析學生成績──分組分析法

介紹完一些常用的資料分析方法論，現在我們就來看看的數據分析方法。

在進行資料分析的時候，常常需要用到分組分析法。簡單地說，這種方法就是根據資料分析物件的特徵，按照一定的指標，將其劃分為不同的部分（類型）來進行研究。它有助於我們深入總體的內部進行分析，進而揭示資料分析物件的內在規律。

不難理解，分組的關鍵在於確定「指標」，在進行資料分組時，各指標的含義如下。

◆**組限**：各組之間的取值界限。

◆**上限與下限**：在一個組中，最大值被稱為上限，最小值被稱為下限。

◆**組距**：上限和下限之間的差值即組距。

◆**組中值**：上限值和下限值的平均值被稱為組中值，是一組變數值的代表值。

實際操作時，只要按照以下三步就可以迅速完成資料分組，而完成分組後，我們就可以對相關的資料資訊進行分組匯總，進而得到各組之間、各組與總體之間的差異與聯繫情況。

$$組距 = \frac{（資料最大值 - 資料最小值）}{組數}$$

根據資料本身的特點（大小）確定組數，並確定各組的組距。確定組距也要根據資料本身的特點。通常情況下，可以使用最簡單的方法，如上述公式「均分」得到組距。根據組數和組距，分組整理資料，將其歸入相關的組中。

TIPS 確定組數時注意要表現出資料的分佈特徵，組數要適中，若組數太少，則資料分佈過於集中，若組數太多，則資料分佈過於分散，都將影響接下來的資料分析工作。

這個例子是用分組分析法觀察班上學生的語文成績。

學生	語文成績	分組
趙二	121	優
何七	113	良
王一	103	良
周五	96	良
張三	86	差
江六	75	差

分組	備註
優	120分-150分
良	90分-119分
差	0分-89分

▲已知語文成績滿分為 150 分，90 分及格。根據資料的特點，我們可以將學生的語文成績分為差
（0～89 分）、良（90～119 分）、優（120～150 分）三組，然後對資料進行排序處理。更
快速了解學生成績分佈情況，這就是分組分析法的好處。

▌分析公司業績──對比分析法

對比分析法是資料分析的基本方法之一。這不難理解。因為有了可以對比的參照物，
我們才能夠分析出事物的差異，進而進一步揭示事物發展變化的情況和規律。

在進行資料分析時，我們可以把對比分析法分為橫向比較和縱向比較兩類。這兩種方
法可以單獨使用，也可以結合起來使用。

◆**橫向比較**：在同一時間條件下，對不同總體的指標進行比較。例如同一時期公司在
不同地區的銷售情況。它也被稱為靜態比較，或簡稱橫比。

◆**縱向比較**：在同一總體條件下，對不同時期的指標數值進行比較。例如公司第一季
和第二季的銷售額。它也被稱為動態比較，或簡稱縱比。

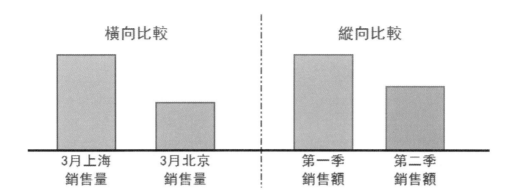

在使用對比分析法分析資料時，要注意選取恰當的對比「參照物」，以便直覺地觀察出資料的變化或差距，並準確地表達出這種變化或差距。以分析公司業績為例，常見的幾個對比分析維度如下。

◆實際完成值與目標值對比。

◆同期比（上個月與本月對比、上一季與本季對比……）或上期比（去年同期與本期對比）。

◆同級部門、地區之間進行對比。

◆與行業內的標竿企業、平均水平或競爭對手相比較。

◆進行某項行銷活動前後的業績相對比。

分析營業收入──平均分析法

平均分析法，顧名思義，其實就是透過計算平均數來反映總體在一定時間、地點等條件下的某一數量特徵的一般水平，如計算學生平均成績、日均銷售量等。

在進行資料分析時，我們常把平均分析、分組分析和對比分析結合起來使用，以便分析和理解資料。例如，將本月的日平均營業額與去年同期進行上期比分析，研究營業收入的變化情況。

在 Chapter1 已經介紹過，平均指標有算術平均數、幾何平均數、調和平均數、眾數、中位數等，而算術平均數是日常生活和工作中最常用的平均指標，我們平時說的「平均數」或「平均值」指的就是算術平均數。

在使用平均分析法分析資料時，通常使用的也是算術平均數，其計算公式如下：

$$算術平均數 = \frac{總體內各單位數值的總和}{總體的單位個數}$$

分析市場佔有率——結構分析法

在前面介紹資料分析指標和術語的時候，我們已經介紹過比例這一重要指標。而結構分析法其實就是分析總體內各部分占總體的比例，是一種相對指標，其計算公式如下：

$$結構相對指標（比例）= \frac{總體內某部分（的數值）}{總體（總量）} \times 100\%$$

一般來說，某部分所占的比例越大，它對總體的影響越大，重要程度越高。從分析報告中我們會看到這樣的內容：「公司某產品市場佔有率達到 13.5％。」這裡的市場佔有率就是常見的結構分析法應用。它反映了企業在行業中的競爭狀況以及企業的營運狀況，市場佔有率高，說明企業的營運狀況好，競爭力強，佔據市場有利地位。

$$市場佔有率 = \frac{某商品銷售量}{該種商品的市場銷售總量} \times 100\%$$

此外，結構分析法在日常工作中還被廣泛應用於各種資料「構成」分析，例如，用於現金流量結構分析、資產總量及構成分析、消費者年齡結構分析等。

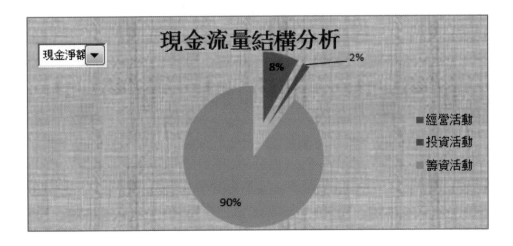

| 分析產品銷量──交叉分析法

假設某公司有 A、B、C 三類產品，在甲地、乙地和丙地同時出售，已知當月產品的銷售資料如下表。

	A	B	C
1	地區	產品	銷量
2	甲	A	45
3	乙	A	32
4	丙	A	21
5	甲	B	36
6	乙	B	14
7	丙	B	27
8	甲	C	58
9	乙	C	34
10	丙	C	15

我們試著比較一下甲地和乙地的銷售總量，可是在這張表中無法一目了然，需要分別找出甲、乙兩地三種產品的銷售量，然後進行加總計算才能得到結果。甲地銷售總量為 45+36+58=139，乙地銷售總量為 32+14+34=80，最後進行對比。

這個資料分析的過程不算簡單，在資料計算的中間環節也很容易出現錯誤。那麼，有沒有什麼辦法能夠簡化這個資料分析的過程，減少錯誤的發生呢？

當然有「捷徑」，我們可以使用交叉分析法。交叉分析法常被用來分析兩個變數（文字）之間的關係，也就是把兩個有一定聯繫的變數和它們的值交叉排列在一張表格內，形成一張交叉表，使各個變數值成為不同變數的交叉結點，以此為基礎分析交叉表中變數之間的關係。日常使用的交叉表一般是二維的，當然也有二維以上的交叉表。維度越多，交叉表越複雜，因此製作交叉表時要以分析目的為根據，量身訂做。

看看下面這張二維交叉表，有沒有覺得很眼熟？這是 Chapter2 介紹過的二維表。

	A	B	C	D	E
1	地區	產品A	產品B	產品C	欄小計
2	甲	45	36	58	139
3	乙	32	14	34	80
4	丙	21	27	15	63
5	列小計	98	77	107	282

交叉結點

總計

透過二維交叉表，我們可以很容易地瞭解到：不同地區、不同產品各自的銷量（各交叉結點）；某地區所有產品的總銷量（欄小計）；某產品在所有地區的總銷量（列小計）；所有地區所有產品的總銷量（總計）。

再來比較甲地和乙地的銷售總量，是不是也一目了然？根據上表，E2 儲存格中是甲地 A、B、C 三類產品的銷量總和，E3 儲存格中是乙地 A、B、C 三類產品的銷量總和，139 與 80 進行比較，一眼就能「看」出資料情況。

▌分析改進順序──陣列分析法

在需要解決問題和分配資源時，決策者常常使用陣列分析法來獲得參考依據。它能夠幫助我們認清矛盾的主次關係，進而按照先後順序解決問題，並且能夠幫助我們進行有效的資源優化配置。

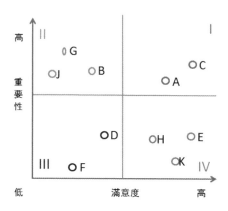

以分析公司需要優先改進的服務專案為例，在上面的陣列圖中，我們以「重要性」為縱軸，以「滿意度」為橫軸，組成了一個座標系，直覺地表現出了「重要性」與「滿意度」這兩個指標的關聯性，並在兩個座標軸上分別按照某標準劃分，形成了四個象限，在將各個服務專案對應投射到這四個象限內後，我們就能輕鬆地分析出公司需要改進的服務專案在這兩個屬性上的表現，進而有效地判斷出服務專案的改進順序。

◆象限 I：重要性高、滿意度也高的高度關注區，對該區域內的服務專案，其滿意度與重要性成正比，需要繼續保持並給予關注和支持。

◆象限 II：重要性高、滿意度低的優先改進區，對該區域內的服務專案需要優先改進，進而有效地提高客戶的滿意程度，提升公司的競爭力。

◆象限 III：重要性低、滿意度低的觀測調整區，對該區域內的服務專案，其滿意度與重要性成正比，公司應該適當關注這些服務專案的客戶期望值變化情況，並適時調整。

◆象限 IV：重要性低、滿意度高的優勢區，客戶對該區域內服務專案的滿意程度已經超過這些服務的中意程度，公司可以適當調整這方面投入的資源，用以改善第 II 象限內需要優先改進的服務專案。

此外，在陣列圖的基礎上，我們還可以利用箭號和氣泡圖等，改良出能夠反映服務專案重要性和滿意度變化的發展陣列圖（將各期資料繪製到同一陣列圖中，用箭號連接表示出項目的發展變化情況）；或者能夠反映出改進難度的改進難易陣列圖（用氣泡大小表示專案改進難易程度）等。

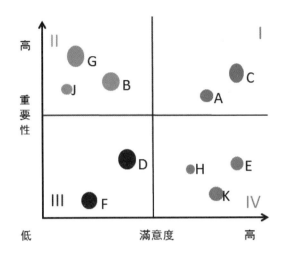

▲氣泡越大，改進難度越大，反之難度越小。

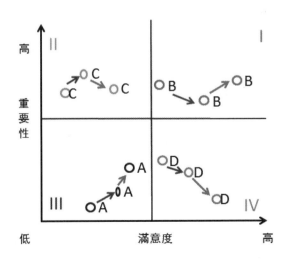

▲用不同顏色的箭號代表不同年份的發展情形。

▌其他分析方法

本書前面介紹的都是最常用、最基礎的分析方法。此外，還有許多分析方法，你可以參考這幾個例子。

人才評估	職業道德	實踐能力	創新精神	教育背景	合計	排序
職業道德		1	1	1	3	1
實踐能力	0		1	1	2	2
創新精神	0	0		1	1	3
教育背景	0	0	0		0	4

量化指標：

縱坐標		橫坐標	重要性	輸入
職業道德		實踐能力	重要	1
職業道德	比	創新精神	重要	1
職業道德		教育背景	重要	1
實踐能力		職業道德	不重要	0
……		……	……	……

◀這是目標優化陣列表分析法的應用，在這個例子中，我們透過它來確定招聘時人才評估的各項指標的權重。目標優化陣列表的工作原理其實就是用電腦的 0/1 式邏輯思維量化人的模糊思維結果，進而優化目標，為各種專案排序，如進行重要性排序，確定權重等。

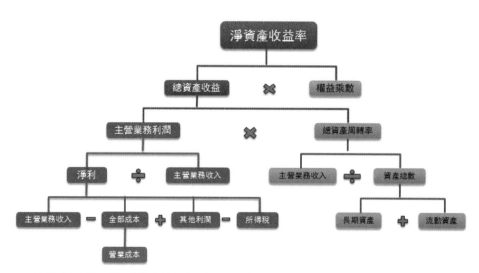

▲杜邦分析法也是一種經典的分析方法，它又被稱為杜邦財務分析體系，主要作用是對企業的財務狀況和經濟效益進行綜合分析評價。該體系採用了金字塔形結構，將各財務指標之間的內在關係表達出來，它層次清晰、條理分明，形成了一個有機結合的指標體系，最終透過權益收益率來綜合反映企業的財務狀況和經營效率。

另外，還有許多更專業、更高級，也更複雜的資料分析方法，它們不一定常用，但絕對「有用」。以下根據不同的研究方向，提供一些高級數據分析方法的知識，可以按需求查閱相關資料。

◆**市場研究**：對應分析、判別分析、聚類分析、因數分析、多維尺度分析、決策樹、邏輯迴歸等。

◆**滿意度研究**：相關分析、因數分析、迴歸分析、主成分分析等。

◆**用戶研究**：對應分析、相關分析、判別分析、因數分析、聚類分析、決策樹、漏斗圖、關聯規則、邏輯迴歸等。

◆**產品研究**：相關分析、對應分析、判別分析、結合分析、多維尺度分析等。

◆**品牌研究**：對應分析、相關分析、判別分析、因數分析、聚類分析、多維尺度分析。

◆**價格研究**：相關分析、PSM 價格分析等。

◆**預測與決策研究**：決策樹、神經網路分析、時間數列、迴歸分析、邏輯迴歸等。

2 | 樞紐分析表真方便

掌握了資料分析方法論和各種實用的資料分析方法還不夠，要想順利完成資料分析工作，沒有工具可不行。

Excel 為使用者提供了樞紐分析表這個功能強大的資料分析工具，下面我們就來好好熟悉並掌握它。

有層次的分類匯總

Excel 的分類匯總功能大家應該不陌生。拿到一張整理好的來源資料表，要「變」出一張分類匯總表的時候，很多人第一個想到的就是切換到【資料】索引標籤，按一下〔小計〕按鈕，然後利用 Excel 的分類匯總功能對表格中的資料進行分類匯總。

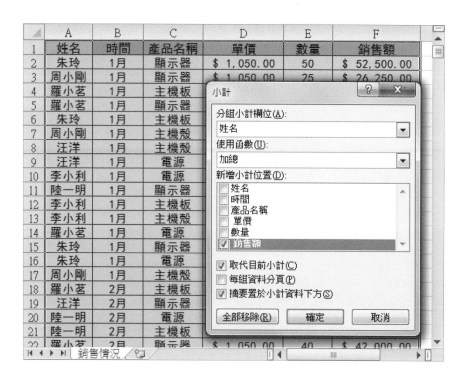

資料分析快速上手

看看右邊這張圖，會發現 Excel 的「小計」功能不如樞紐分析表好用，為什麼？第一個就是它是在來源資料表上操作的，這樣容易破壞來源資料表；第二個就是在使用「小計」前必須先對分類文字進行排序。

1 2 3		A	B	C	D	E	
	1	姓名	時間	產品名稱	單價	數量	
	2	朱玲	1月	顯示器	$ 1,050.00	50	$
	3	朱玲 合計					$
	4	周小剛	1月	顯示器	$ 1,050.00	25	$
	5	周小剛 合計					$
	6	羅小茗	1月	主機板	$ 800.00	30	$
	7	羅小茗	1月	顯示器	$ 1,050.00	40	$
	8	羅小茗 合計					$
	10	朱玲 合計					$
	12	周小剛 合計					$
	15	汪洋 合計					$
	17	李小利 合計					$
	19	陸一明 合計					$
	22	李小利 合計					$
	24	羅小茗 合計					$
	27	朱玲 合計					$
	29	周小剛 合計					$
	31	羅小茗 合計					$
	33	汪洋 合計					$
	36	陸一明 合計					$
	38	羅小茗 合計					$
	40	朱玲 合計					$

> **TIPS** 對資料進行分類匯總後，按一下 ⊟ 按鈕可以隱藏相關的匯總資料，此時按鈕變為 ⊞ 形狀；按一下 ⊞ 按鈕，將重新顯示被隱藏的資料資訊。

再來看「小計」的第三個缺點，這就必須提一下分類匯總表的層次問題了，你可以這樣理解。

加總 - 銷售額	欄標籤				
列標籤	主機板	主機殼	電源	顯示器	總計
⊟1月	65600	13100	11880	198450	289030
朱玲	9600		3000	96600	109200
李小利	32000	5000	2400		39400
汪洋		1500	2880		4380
周小剛		6600		26250	32850
陸一明				33600	33600
羅小茗	24000		3600	42000	69600
⊟2月	76000	9700	14040	136500	236240
朱玲	9600		3000	44100	56700
李小利	32000	5000	2400		39400
汪洋		1500	2880	16800	21180
周小剛		3200			3200
陸一明	22400		2160	33600	58160
羅小茗	12000		3600	42000	57600
總計	141600	22800	25920	334950	525270

◆**第一層**：只對一個欄位進行匯總，是最初級的匯總表，也就是一維匯總表，例如求各個員工的銷售總額。

◆**第二層**：對兩個欄位進行匯總，是二維一級匯總表，在日常工作中最常用，例如求各月各員工的總銷售額。

◆**第三層**：對兩個以上欄位進行匯總，是二維多級匯總表，例如求各月各員工的各種產品的總銷售額。

要知道，Excel 的「小計」功能只適合用來「變」出一維匯總表，若要製作二維匯總表，還需要用「樞紐分析表」功能。

151

▍3 步驟新增樞紐分析表

我們已經知道，在 Excel 中要「變」出一張分類匯總表，還要靠資料透視表這個強大的資料分析工具。那麼，如何新增一張樞紐分析表，就是我們接下來要學習的內容了。

我們可以把新增樞紐分析表分為 3 個步驟：

Step 1 **設定資料來源。**選取作為分析資料來源的儲存格區域，切換到【插入】索引標籤，按一下「表格」群組中的〔樞紐分析表〕按鈕。

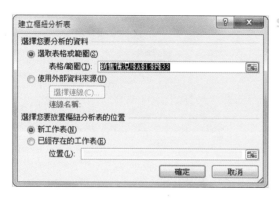

Step 2 會跳出「建立樞紐分析表」對話框，此時系統自動選取了「選擇表格或範圍」選項，並在「表格／範圍」參數框中自動填入了相關的儲存格區域。

Step 3 **設定樞紐分析表的放置位置。**在「選擇您要放置樞紐分析表的位置」欄中，若選擇「新工作表」選項，則可在新增工作表中新增樞紐分析表，適用於資料較大、維度較多的情況；若選擇「已經存在的工作表」選項，可以在現有工作表中指定放置的位置，適用於資料較小、維度較少的情況。

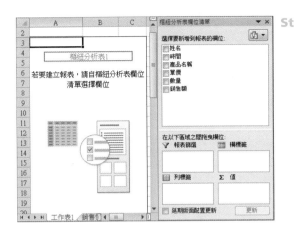

Step 4 **設定欄位進行資料分析。**按一下〔確定〕按鈕，即可在指定的工作表位置新增一個空白的樞紐分析表，根據需要勾選要新增的欄位，並在按住游標左鍵的同時將勾選的欄位拖曳到「報表篩選」、「列標籤」、「欄標籤」、「值」區域中適當的區域即可。

將欄位拖曳至各區域的作用如下：

◆**報表篩選**：拖曳至該區域的欄位，將作為分類顯示（篩選）的依據。

◆**列標籤**：拖曳至該區域的欄位，將作為縱向分類的依據。

◆**欄標籤**：拖曳至該區域的欄位，將作為橫向分類的依據。

◆**值**：拖曳至該區域的欄位，將作為統計匯總的依據。

樞紐分析表的匯總方式有計數、加總、平均值、最大值、最小值等統計指標。

TIPS

為了便於理解，在此提供一個樞紐分析表框架示意圖，很容易就能明白各區域在樞紐分析表中的位置和作用。

	A	B	C	D	E
1	報表篩選區域				
2					
3		欄標籤區域			
4	列標籤區域	值區域（資料項目）			
5					
6					
7					
8					
9					
10					
11					
12					
13					
14					
15					

▲只要將各項目拖曳到適當位置,即可產生樞紐分析表。

魔鬼藏在細節裡

下面簡單介紹幾個樞紐分析表的使用技巧。

1. 能者多勞的列標籤

總有一些匯總表讓人難以閱讀,比如「躺著」的匯總表。

◀這張「躺著」的匯總表,其中以「時間」和「姓名」欄位為欄標籤,以「產品名稱」欄位為列標籤,讓人感覺無從讀起。

對付「躺著」的資料表時，我們可以透過欄列互換技巧讓它「站」起來。那麼該如何處理「躺著」的匯總表呢？方法其實很簡單，本質上也是「欄列互換」而已，只需要在「樞紐分析表欄位清單」窗格中使用滑鼠拖曳，將「欄標籤」區域與「列標籤」區域中的欄位互換即可。看看，是不是立馬變得一目了然了？

總而言之，想讓匯總表「站著」，我們就要在製作匯總表時，把分類多的欄位盡量作為列欄位，讓「列標籤」能者多勞。

2. 拒絕小三的欄標籤

你發現了嗎？在使用樞紐分析表的時候，匯總表的「欄標籤」不能超過兩個，否則就難以理解資料的意義，需要注意這一點。

加總 - 銷售額	欄標籤 ▼		主機板 合計	主機殼		主機殼 合計	電源		電源 合計	顯示器		顯示器 合計	總計
	⊟主機板			⊟主機殼			⊟電源			⊟顯示器			
列標籤 ▼	1月	2月		1月	2月		1月	2月		1月	2月		
朱玲	9600	9600	19200				3000	3000	6000	96600	44100	140700	165900
李小利	32000	32000	64000	5000	5000	10000	2400	2400	4800				78800
汪洋				1500	1500	3000	2880	2880	5760		16800	16800	25560
周小剛				6600	3200	9800				26250		26250	36050
陸一明		22400	22400					2160	2160	33600	33600	67200	91760
羅小茗	24000	12000	36000				3600	3600	7200	42000	42000	84000	127200
總計	65600	76000	141600	13100	9700	22800	11880	14040	25920	198450	136500	334950	525270

看看這張匯總表，其中的列欄位包括「產品名稱」、「時間」、「數量」三個欄位，這本意可能是想，在對銷售額進行加總匯總的同時顯示出產品的銷售數量。但是造成的結果卻是：第一，匯總表「躺下」了，閱讀起來很困難；第二，資料混雜，難以理解。

所以，千萬要讓欄標籤「拒絕小三」，一個欄很好，兩個欄也行，但是別讓欄超過三個，適時地讓列標籤「能者多勞」分擔一下才是。

3. 欄位也講先來後到

在工作中有時會遇到這樣的情況：新增了樞紐分析表，新增了需要的欄位，也將欄位拖曳到了相關的區域裡，可是得到的樞紐分析表卻與需要的有偏差。例如，對比下面兩張樞紐分析表會發現，僅僅更換了「列標籤」區域中「時間」和「姓名」欄位的順序，兩張表看起來就很不一樣了。

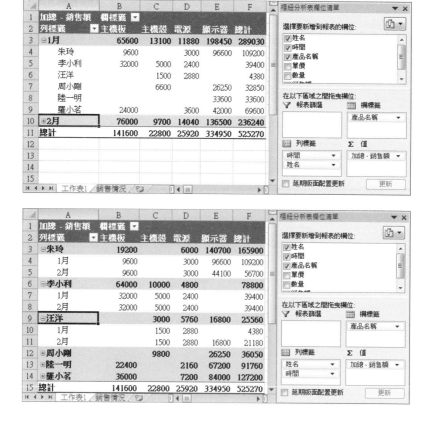

其實，這是因為在拖曳欄位的時候有一個細節需要注意：對於同一區域中相同的幾個欄位來說，欄位的排列順序不同，樞紐分析表的展示方式也將產生相關的變化。

這時有人會問：「我不太清楚該把哪個欄位放前面，哪個放後面，有規範標準嗎？」

答案是肯定的，接著看下去吧！

4. 欄位也講階級順序

繼續前面的內容，我們可以理解，匯總表在進行分類時是分級的，比如，排在列標籤第一位的欄位，在分類時是第一級的，而後的是第二級、第三級……

在欄位間沒有明確的從屬關係的時候，資料分析的目標（或者關注點的重要性）就成了各欄位排序的依據。比如，以前面的樞紐分析表為例，要對比各月不同員工的銷售情況，「時間」欄位就可以排在「姓名」欄位之前，因為第一關注點在「各月」；而要對比不同員工各月的銷售情況，「姓名」欄位就可以排在「時間」欄位之前，因為第一關注點在「不同員工」。

還有一種情況，就是欄位間有著比較明確的從屬關係，這時可以按照「階級大小」的思維，為欄位排序。比如，下面這張分類匯總表，其中的「所在地」、「所在城市」、「所在賣場」三個欄位間有明顯的從屬關係，因此我們可以按照它們的階層進行排序。

TIPS 將游標定位到樞紐分析表中，此時出現【樞紐分析表工具】索引標籤，在該索引標籤的「顯示」群組中可以對欄位清單、欄位標題等進行設定，使匯總表更易於閱讀。

5. 把分類匯總藏起來

細心的讀者可能已經發現了，為了便於閱讀和理解，上面的資料透視表使用的是「以表格形式顯示」的報表佈局，並且其中的分類匯總被隱藏了起來，原表如下。

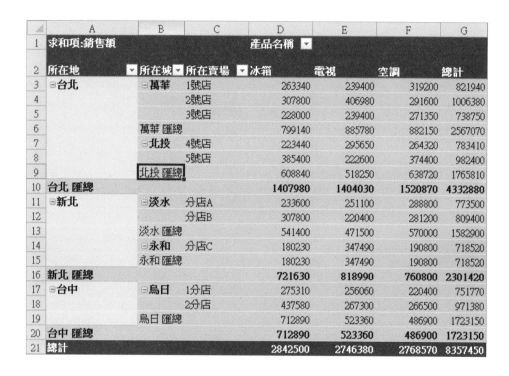

	A	B	C	D	E	F	G
1	求和項:銷售額			產品名稱 ▼			
2	所在地 ▼	所在城 ▼	所在賣場 ▼	冰箱	電視	空調	總計
3	⊟台北	⊟萬華	1號店	263340	239400	319200	821940
4			2號店	307800	406980	291600	1006380
5			3號店	228000	239400	271350	738750
6		萬華 匯總		799140	885780	882150	2567070
7		⊟北投	4號店	223440	295650	264320	783410
8			5號店	385400	222600	374400	982400
9		北投 匯總		608840	518250	638720	1765810
10	台北 匯總			1407980	1404030	1520870	4332880
11	⊟新北	⊟淡水	分店A	233600	251100	288800	773500
12			分店B	307800	220400	281200	809400
13		淡水 匯總		541400	471500	570000	1582900
14		⊟永和	分店C	180230	347490	190800	718520
15		永和 匯總		180230	347490	190800	718520
16	新北 匯總			721630	818990	760800	2301420
17	⊟台中	⊟烏日	1分店	275310	256060	220400	751770
18			2分店	437580	267300	266500	971380
19		烏日 匯總		712890	523360	486900	1723150
20	台中 匯總			712890	523360	486900	1723150
21	總計			2842500	2746380	2768570	8357450

之所以這樣做，是因為在有三個或三個以上列欄位的情況下，一些不必要的分類匯總會干擾我們對資料的閱讀理解。

來要隱藏某一級分類匯總，方法很簡單：將游標定位到該級分類匯總所在的列，然後按一下滑鼠右鍵，在跳出的快速選單中取消勾選「小計」核取方塊即可。若要重新顯示該級分類匯總，則勾選「小計」核取方塊。

Chapter6
讓圖表替數據說話

我們常說要拿圖表代替數據，更準確地說，是要用圖表幫數據資料講故事。目的是要用圖表為資料做詮釋，讓圖表直覺、生動、一目了然地「說」出資料想要向閱讀者傳達的資訊。

所以囉！ Excel 圖表的存在就是為數據資料服務的。

1 │ 圖表的功用是什麼？

在 Excel 中，新增圖表的方法並不複雜。選取用於新增圖表的資料區域，切換到 Excel 的【插入】索引標籤，利用「圖表」群組中的相關功能，我們就可以新增圖表。

這麼說來，製作資料分析圖表就是一件很簡單的事情了？當然不是。因為我們需要的不是隨便一個「好看」的圖表，而是能夠真實、有效地展示資料，能夠直覺、生動地表達資料分析觀點的資料分析圖表。

要達成這一目標，關鍵就在於在製作圖表的過程中選擇恰當的圖表類型。

▌製作圖表前先想想…

對表格資料進行分析之後，我們就可以製作圖表來呈現資料和資料分析觀點了。看看下面的流程圖，我們把 Excel 圖表製作的思維歸納為 3 個步驟：

確定製作圖表的目的　➡　選擇恰當的圖表類型　➡　選擇資料製作圖表

對照之前介紹過的資料分析的 5 個步驟，我們不難理解，圖表製作的關鍵就在於如何選擇恰當的圖表類型：這就像資料很含蓄，不會「說話」，而圖表來幫資料「說話」一樣，圖表知道了要「說」的內容和目的後，就要選擇一個利於表達和溝通的方式來「說」，以便讓人接受、理解。

在 Excel 中是怎麼根據資料新增圖表的，方法主要有以下幾種：

◆**利用命令按鈕新增**：選取用來新增圖表的資料區域，切換到【插入】索引標籤，在「圖表」群組中選擇要新增的圖表類型，如按一下「區域圖」下拉選單，然後在打開的下拉選單中選擇一種區域圖樣式即可。

◆**利用對話框新增**：選取用來新增圖表的資料區域，切換到【插入】索引標籤，按一下「圖表」群組右下角的功能擴充按鈕，在打開的「插入圖表」對話框中選擇需要的圖表類型和樣式，按一下〔確定〕按鈕即可。

◆**利用快速鍵新增**：在 Excel 中，預設的圖表類型為直條圖，選取用來新增圖表的資料區域，然後按下〔Alt〕+〔F1〕複合鍵，即可快速新增圖表。

根據資料關係選圖表

Excel 為用戶提供了 11 類共 73 種圖表類型。在實際工作中，尤其是在商務場合，這 73 種圖表中的大多數都顯得不那麼「專業」，首當其衝的就是各種容易影響資料展示效果的 3D 樣式的圖表。

事實上，在這些圖表中，最基本的類型只有 6 種：直條圖、折線圖、圓形圖、橫條圖、區域圖、散佈圖。

在 Excel【插入】索引標籤的「圖表」群組中，正是按照這 6 種類型和一種「其他圖表」來劃分圖表類型的。我們看到的五花八門的圖表都脫離不了這基本的 6 種圖表類型：有的是基本類型，有的是在基本類型的基礎上組合或變化而來的。

我們怎麼才能從如此眾多的圖表類型中選出適用的那一個呢？實際的方法就是根據資料關係選擇圖表。

我們可以把資料關係歸納為以下幾種，其對應的建議圖表類型如下表。

資料關係	應用範例	建議圖表類型
組成關係	分析市場佔有率	堆疊直條圖、圓形圖、堆疊橫條圖、階梯圖等
分類、比較關係	分析房價同比漲幅	直條圖、橫條圖、雷達圖等
頻率、分佈關係	分析不同消費層次客戶數量的分佈	直條圖、折線圖、橫條圖、散佈圖、曲面圖等
資料之間的關聯性	分析產品價格與銷售量之間的關係	直條圖、橫條圖、泡泡圖、堆疊橫條圖等
時間序列關係（資料的走勢、趨勢）	分析 12 個月的銷售量變化情況	直條圖、折線圖、堆疊區域圖等
綜合性關係（兩種或兩種以上的資料關係）	分析 12 個月的銷量變化情況，用最近 3 年的資料作比較	組合使用基礎圖表、各種進階圖表

TIPS　上表中提供了圖例的圖表類型，均為 Excel 中可以直接新增的基礎圖表，由基礎圖表組合變化而來的各種進階圖表（如階梯圖、堆疊橫條圖等），將在後面的章節進行詳細介紹。

圖表設計兩大地雷

在製作圖表的時候，有些人總覺得「沒有想法」，無法做出讓人驚豔的圖表，只能循規蹈矩地完成工作任務。這其實不是麼大問題。有些人就是因為「想法太多」，結果一不小心就弄巧成拙，做出讓人一看就知道「不專業」甚至「不合格」的圖表。

因此，先來看看製作、設計圖表的時候，最不該犯的兩大錯誤。

1. 別以為越複雜越進階！

在下圖中，製作者組合了直條圖、區域圖、折線圖這 3 種圖表類型，並且設定了雙 Y 軸，新增了趨勢線，插入了資料表格，在此基礎上，還對圖表的樣式進行了「精心」的設計。

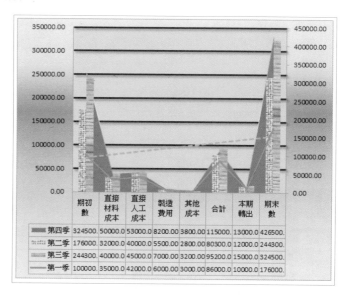

看起來夠複雜了吧？其中運用了不少的 Excel 圖表製作技巧，可是這樣的圖表只能讓人想到「製作者一定是個菜鳥」或者「這是在惡搞嗎」，而不會讓人認為製作它的是一位專家、高手。

究其原因，主要有兩點：一是訊息量過大，重點不突出，或者根本沒有重點，讓人難以理解；二是自以為是、不合時宜的創意，使圖表在佈局、樣式等方面都嚴重偏離了專業要求。

不是越複雜和越有創意的圖表就越進階和高明，在製作商務圖表的時候還是應該謹慎一些，避免盲目地製作出一些讓人無法理解的圖表。

2 萬萬不可讓圖表撒謊！

圖表的工作是什麼？就是幫資料「說話」。因此圖表最需要具備的「職業道德」之一，就是「誠實」。

在日常工作中，為了使圖表表達出更清晰、明確的資料分析觀點，我們可能會在不經意間讓圖表「撒謊」。當然，也有人因為各種原因想要隱瞞或者重點突出某些資料，讓圖表撒謊，扭曲資料的真實性。

比如，用錯誤的方法截斷直條圖的 Y 軸，就會誇大資料的視覺變化，進而誤導讀者，讓資料的實際變化情況被誤讀。對比下面兩張直條圖，就可以了解。

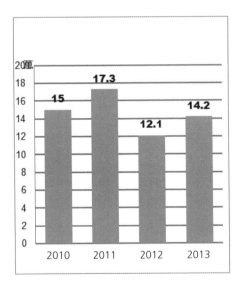 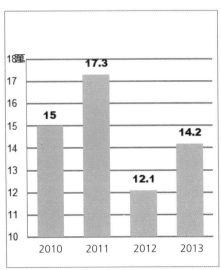

這兩張圖表中展示的資料是一模一樣的，但是右圖偷偷地截斷了 Y 軸，使資料的視覺變化被誇大。一方面，在這樣錯誤截斷 Y 軸的圖表中，讀者很難注意到座標軸並非始於「0」，另一方面，即使發現了 Y 軸的問題，這種視覺上的誤導也很難讓人判斷出資料的真實情況。

當然，這並不是說就不能截斷直條圖的 Y 軸，而是應該在有必要截斷 Y 軸的時候使用「正確」的方法，對其進行專業的處理，讓閱讀者清楚、明白地看到「截斷了 Y 軸」。

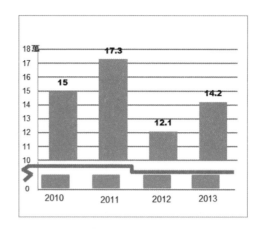

類似的例子還有在折線圖中誇大圖表的壓縮比例，讓曲線的變化情況顯得更平緩（劇烈），進而誤導讀者。因此，一般情況下，折線圖等圖表的繪圖區中，建議長寬比例為 1:1，對角線約為 45°，以便更客觀、真實地反映資料變化趨勢。

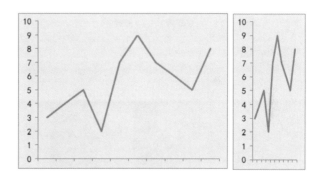

還有一種方法就是在圖表中使用圖片，以圖片的「大小」來呈現資料。

在這種「漂亮」的圖表中，我們很難判斷數值的大小到底是根據圖片的高度、寬度來表現的，還是根據圖片（實物）的數量、面積等來表現的。而且這種圖表中圖片的展示效果與實際數值往往並不真正匹配，只給出了一個粗略的視覺比例效果。

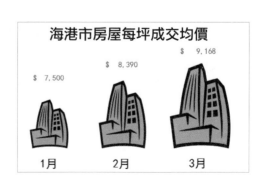

2 | 製作圖表有哪些技巧？

要做一個 Excel 圖表高手，只有「創作思維」當然不行，還要掌握圖表製作技術，能夠熟練、高效地完成圖表製作，才能成為一位名符其實的 Excel 圖表專家。

掌握圖表元素

我們可以這樣理解：Excel 圖表這個「機器」是由許多細小的零部件構成的，元素就是讓圖表正常運作的最小部分，下面來看看常見的圖表元素有哪些。

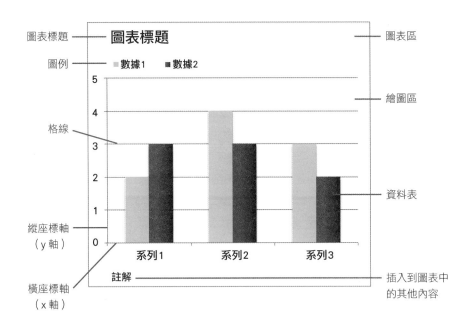

Excel 圖表元素因為類型的不同，其構成也有一定的差別，一個圖表中不可能出現所有的圖表元素。下面我們將常見的圖表元素歸納整理，並進行說明：

◆**圖表區**：即整個圖表所在的區域。

◆**繪圖區**：包含資料數列圖形的區域。

◆**圖表標題**：顧名思義，在 Excel 中，預設使用數列名稱作為圖表標題，建議根據需要修改。

◆**圖例**：標明圖表中的圖形代表的資料數列。

◆**資料數列**：根據來源資料繪製的圖形，能夠將資料視覺化，是圖表的關鍵部分。

◆**資料標籤**：用於顯示資料數列的來源資料的值，為避免圖表變得雜亂，可以選擇在資料標籤和 Y 軸刻度標籤中擇一而用。

◆**格線**：有水平格線和垂直格線兩種，分別與縱座標軸（Y 軸）、橫座標軸（X 軸）上的刻度線對應，是用於比較數值大小的輔助線。

◆**座標軸**：包括橫座標軸（X 軸）和縱座標軸（Y 軸），座標軸上有刻度線、刻度標籤等，某些複雜的圖表會用到次座標軸，一個圖示最多可以有 4 個座標軸，即主 X軸、主 Y 軸和次 X 軸、次 Y 軸。

◆**座標軸標題**：用於標明 X 軸或 Y 軸的名稱，一般在散佈圖中使用。

◆**插入圖表中的其他物件**：例如，在圖表中插入自選圖形、文字方塊等，用於進一步闡釋圖表。

◆**資料表**：在 X 軸下繪製的資料表格，有佔用大量圖表空間的缺點，一般不建議使用。

在使用三維類型的圖表時，還可能出現背景牆、側面牆、底座等圖表元素，由於立體圖表一般不在商務場合使用，這裡將不再細述。

此外，Excel 還為使用者提供了一些資料分析中很實用的圖表元素，在【圖表工具 / 版面配置】索引標籤的「分析」群組中，我們可以輕鬆設定這些圖表元素。

◆**趨勢線**：用於時間數列的圖表，是根據來源資料按照迴歸分析法繪製的一條預測線，有線性、指數等多種類型。

◆**折線**：在區域圖或折線圖中，顯示從資料點到 X 軸的垂直線，是用於比較數值大小的輔助線，日常工作中較少使用。

◆**漲跌線**：在有兩個以上數列的折線圖中，在第一個數列和最後一個數列之間繪製的柱形或線條，常見於股票圖表。

◆**誤差線**：用於顯示誤差範圍，提供標準誤差誤差線、百分比誤差線、標準偏差誤差線等選項，常見於品質管制方面的圖表。

好啦！Excel 的圖表元素大致就這麼多了，所謂萬變不離其宗，只要掌握了這些圖表元素，我們距離成為 Excel 圖表大師就更進一步了。

設置圖表元素格式

有人會問：「Excel 圖表元素有那麼多！那麼要設定圖表元素格式是不是很複雜？」

其實，設定圖表元素格式沒有想像的那麼複雜，主要方法之一就是通過【圖表工具 / 格式】索引標籤，進行相關的圖表元素格式設定。

選取要設定格式的圖表元素，透過【圖表工具 / 格式】索引標籤中相關的按鈕和命令，即可對該物件的形狀樣式、大小、排列等進行設定，其方法很簡單，這裡就不再贅述了。

此外，另一個設定圖表元素格式的方法就是選取要設定的物件，然後打開相關的格式
對話框，在其中設定圖表元素格式。

在 Excel 中，打開圖表元素格式對話框的方法主要有以下幾種：

◆按兩下要設定的對象。

◆選取要設定的物件，使用滑鼠按右鍵打開快速選單，然
　後在該功能表底部選擇相關的格式設定命令，如按一下
　「設定資料數列格式」命令。

◆選取要設定的對象，按下〔Ctrl〕+〔1〕複合鍵。

接著簡單介紹幾個具有代表性的常見圖表元素的格式對話框，幫助大家快速了解圖表
元素的格式設定。

1. 設定圖表區和繪圖區格式

「圖表區格式」對話框中有【填滿】、【框線色彩】、【框線樣式】等9個索引標籤，分別對應相關的格式設定內容。在「設定繪圖區格式」對話框中也有【填滿】等6個索引標籤，與「設定圖表區格式」對話框中的前6個一樣。

◆**填滿**：用於設定物件的填滿色，可設定圖案填滿、圖片或紋理填滿等。

◆**框線色彩**：用於設定對象的框線線顏色。

◆**框線樣式**：用於設定物件的框線線寬度、線條樣式、線端樣式等。

◆**陰影**：用於設定物件的陰影效果（如右上斜偏移的外部陰影），在商務圖表中使用較少。

◆**光暈和柔邊**：用於設定對象的光暈效果（如紅色50%透明度的內光暈）和柔邊效果，在商務圖表中使用較少。

◆**立體格式**：用於設定物件的立體效果，在商務圖表中使用較少。

◆**大小**：用於設定物件的大小和縮放比例，以及旋轉角度。

◆**屬性**：設定圖表的大小和位置與儲存格變化的關係，並可以設定列印圖表、鎖定圖表或取消設定。

◆**替代文字**：為有視覺或認知障礙的人提供閱讀幫助的特殊功能。

2 設定座標軸格式

在「座標軸格式」對話框中包含有【座標軸選項】、【數值】、【填滿】、【線條色彩】等 9 個索引標籤。

 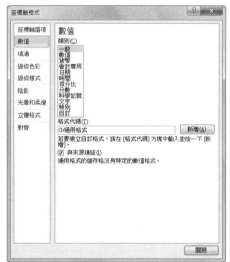

◆**座標軸選項**：用於設定座標軸的刻度、類型、標籤等。

◆**數值**：用於設定座標軸數值格式。

◆**填滿**：用於設定座標軸區域的填滿色，可設定圖案填滿、圖片或紋理填滿等。

◆**線條色彩**：用於設定座標軸的線條色彩。

◆**線條樣式**：用於設定座標軸的線條寬度、線條樣式、線端樣式等。

◆**陰影**：用於設定座標軸標籤的陰影效果。

◆**光暈和柔邊**：用於設定座標軸的外光暈和柔邊效果。

◆**立體格式**：製作非立體圖表時不可用。

◆**對齊**：用於設定座標軸標籤的對齊方式、文字方向等。

3. 設定資料數列格式

在「資料數列格式」對話框中包含有【數列選項】、【填滿】、【框線色彩】等 7 個索引標籤。

其中，【填滿】至【立體格式】等 6 個索引標籤中可設定的內容與「圖表區格式」對話框中的類似，在此不再贅述。

而在【數列選項】索引標籤中，不僅可以設定數列（圖形）的重疊與分隔效果，調整數列的間距，還可以選擇將數列繪製在主座標軸或次座標軸上，有些進階圖表的製作就需要用到這一功能。

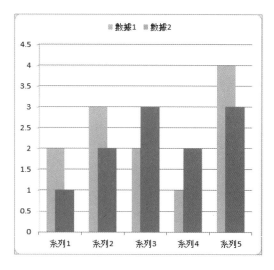

4. 設定圖例格式

在「圖例格式」對話框中包含有【圖例選項】、【填滿】、【框線色彩】等6個索引標籤。

其中，【填滿】至【立體格式】等6個索引標籤中可設定的內容與「圖表區格式」對話框中的類似，在此不再贅述。

而在【圖例選項】索引標籤中，可以設定圖例在圖表中的位置，預設情況下，「圖例顯示位置不與圖表重疊」核取方塊為已勾選狀態，取消勾選後，即可使顯示的圖例與圖表繪圖區重疊。

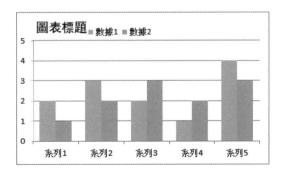

> **TIPS** 在編輯圖表的過程中，使用滑鼠左鍵拖曳，可以快速移動與縮放圖表或圖表中的元素。例如，選取繪圖區域，然後將游標指向該區域，當游標呈十字箭號形狀時，使用滑鼠左鍵拖曳，即可移動繪圖區；當游標呈雙向箭號形狀時，使用滑鼠左鍵拖曳，即可縮放繪圖區。

▌追加資料數列

回想一下我們是怎麼在 Excel 中新增圖表的：通常都是先選取資料區域，然後根據選擇的資料新增圖表。

那麼在製作和編輯圖表的過程中，如果需要追加資料數列的情況，該怎麼辦？這裡有兩種方法可以讓我們輕鬆追加資料數列。

1. 透過滑鼠拖曳

透過滑鼠拖曳追加資料數列的方法很簡單：先選取圖表，在相關的源資料區域四周將出現醒目的藍、紫、綠三色框線，將游標指向藍色框線，當游標呈雙向箭號形狀時按住滑鼠左鍵拖曳，將需要追加的資料囊括進藍框區域內即可，如下圖所示。

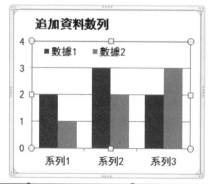
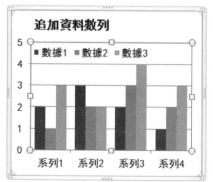

該方法適用於要追加的資料區域與已有的資料區域相連的情況。

2. 透過「選取資料來源」對話框

透過「選取資料來源」對話框追加資料數列的方法為：先選取圖表，切換到【圖表工具 / 設計】索引標籤，按一下〔資料〕群組中的〔選取資料〕按鈕，打開「選取資料來源」對話框，在「圖表資料範圍」文字方塊中新增要追加的資料數列的來源資料所在範圍，根據需要編輯「圖例項目（數列）」和「水平（類別）座標軸標籤」名稱，完成後按一下〔確定〕按鈕即可。

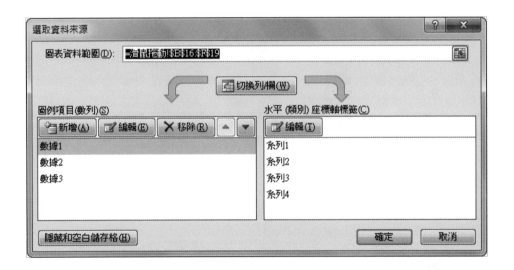

▍快速交換座標軸資料

你遇到過這種情況嗎？想用直條圖對比分析公司的銷售情況，結果建立出的圖表如下。

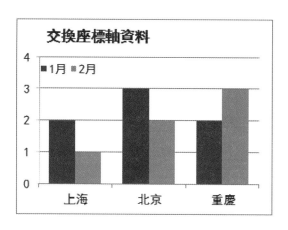

上面這張圖表的關注重點在於各地 1、2 月的銷售情況對比，可是我們想要的是 1、2 月各地銷售情況的對比分析。也就是說，X 軸與 Y 軸上的數據「反」了，怎麼辦？

針對這種情況，Excel 提供了強大的圖表資料行列互換功能，只需要選中圖表，切換到【圖表工具 / 設計】索引標籤，按一下「資料」群組中的〔切換列 / 欄〕按鈕，就可以快速交換座標軸資料。

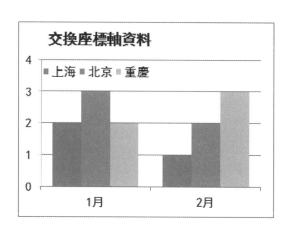

改變圖表的類型

說到要改變圖表的類型，其實有兩種，第一種是改變整個圖表的類型，第二種是改變圖表中部分資料數列的圖表類型。

新增之後才發現圖表類型不合適，不能好好地呈現資料怎麼辦？其實只要改變整個圖表的類型即可。選取整個圖表，切換到【圖表工具／設計】索引標籤，按一下「類型」群組中的〔變更圖表類型〕按鈕，打開「變更圖表類型」對話框，然後在其中選擇需要的圖表類型和樣式，按一下〔確定〕按鈕即可。

此外，當 Excel 提供的圖表類型滿足不了我們的工作需要時，改變圖表中部分資料數列的圖表類型，就成為一項必須掌握的技術。選取需要修改圖表類型的資料數列，然後按一下滑鼠右鍵，在跳出的快速選單中執行「變更數列圖表類型」命令，「變更數列圖表類型」對話框中選擇需要的圖表類型和樣式，按一下〔確定〕按鈕即可。

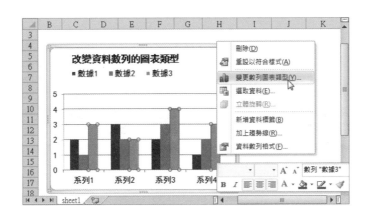

總體來說，我們可以把 Excel 圖表中的每一個資料數列都當作一個獨立的「零件」，單獨為其設定圖表類型，以此來製作出各種組合圖表。但也要注意，並不是所有的圖表類型都能夠用來新增組合圖表，最典型的「不合作者」就是 Excel 提供的各種立體圖表類型。

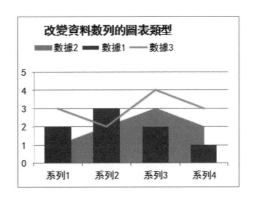

別再手動繪製輔助線

分析資料的過程中，我們有時需要在圖表中繪製輔助線，比如平均線、預算線、預測線等。

有人第一時間想到的就是在圖表裡插入自選圖形，手工繪製一條參考線，這種方法事實上很不科學。為什麼？因為手工繪製的輔助線很難做到精確對齊刻度，而且當資料發生變化後，我們就要手動調整輔助線，十分麻煩。

這裡我們提供一個「智慧」的辦法繪製輔助線，那就是利用輔助數列，以折線圖繪製平均線為例。

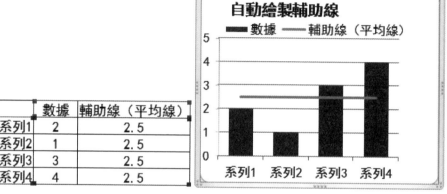

	數據	輔助線（平均線）
系列1	2	2.5
系列2	1	2.5
系列3	3	2.5
系列4	4	2.5

▲新增輔助線資料區域，計算數值，本例要繪製平均線，因此使用 AVERAGE 函數計算平均值。再根據新增的輔助線資料區域，追加圖表資料數列，然後將該資料數列的圖表類型設定為折線圖即可。

為了使製作出的圖表更「專業」，在繪製好輔助線後，我們可以對其進行進一步的處理，例如，刪除不必要的圖例，透過插入自選圖形和文字框更清楚地標註出輔助線，等等。

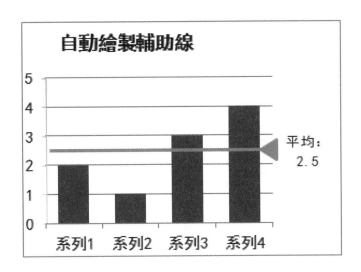

有人會問：「上面的辦法是對付直條圖的，遇到要在橫條圖裡繪製垂直輔助線的時候，該怎麼辦？」其實原理差不多。

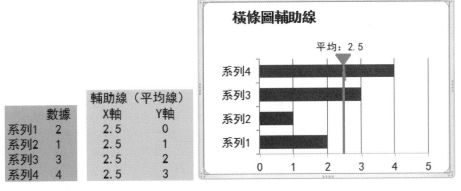

	數據	輔助線（平均線）	
		X軸	Y軸
系列1	2	2.5	0
系列2	1	2.5	1
系列3	3	2.5	2
系列4	4	2.5	3

▲首先新增輔助線資料區域，根據新增的輔助線資料區域追加圖表資料數列，然後將追加的資料數列的圖表類型設定為散佈圖，最後刪除多餘的圖例，設定資料數列格式，插入自選圖形和文字方塊等，進一步標明輔助線即可。

自建圖表格式範本

有人會問：「有什麼辦法能夠將滿意的圖表格式應用到其他圖表上，方便以後的工作需要嗎？」

當然有辦法，而且不止一個。

1. 將圖表另存成範本

我們可以將設定好的圖表儲存為自訂的圖表範本，方便在以後的工作中快速應用該圖表樣式。

◀選取設定好格式的圖表，切換到【圖表工具 / 設計】索引標籤，按一下「類型」群組中的〔另存為範本〕按鈕，在打開的「儲存圖表範本」對話框中輸入範本的名稱，然後按一下〔儲存〕按鈕即可。

至於要如何打開已經建立好的範本，複製圖表格式呢？方法如下：

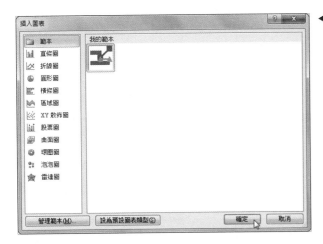

▶ 選取要新增圖表的資料區域，打開「插入圖表」對話框，在「範本」群組中選擇需要的自定義圖表範本，然後按一下〔確定〕按鈕，即可快速新增與該範本類型和格式相同的圖表。

 TIPS 按一下「插入圖表」對話框左下角的〔管理範本〕按鈕，可以進入自定義範本所在資料夾，對其進行複製、刪除等操作。

總體來說，這個辦法適合在需要新增一個與範本圖表類型、格式等都相同的圖表時使用，還有更簡單的方法呢！

2. 巧用複製與貼上功能

利用 Excel 的複製與貼上功能，可以將設定好的圖表格式快速貼到另一個需要應用該格式的圖表中。

▶ 首先選取設定好格式的圖表，按下〔Ctrl〕+〔C〕複合鍵複製格式，然後選取需要應用該格式的圖表，切換到【常用】索引標籤，在「剪貼簿」群組中執行「貼上」→「選擇性貼上」命令，跳出「選擇性貼上」對話框，選擇「格式」選項，按一下〔確定〕按鈕確認貼上圖表格式即可。

讓圖表排版更省空間

Excel 提供了一個神奇的「照相機」功能，透過該功能，我們可以為 Excel 中的圖表「拍照」，進而得到一張隨著圖表資料改變而發生相關變化的、即時連動的圖表「照片」。

預設情況下，照相機功能沒有顯示在 Excel 功能區中，若要使用該功能，需要自訂 Excel 功能區，將其調用出來，步驟如下。

Step 1 切換到【檔案】索引標籤，按一下「選項」命令打開「Excel 選項」對話框。

Step 2 在右側的「自訂功能區」清單方塊中選擇命令要新增到的目標位置，如選取【插入】索引標籤，然後按一下底部的〔新增群組〕按鈕，新增自訂群組，並選取該群組。

Step 3 切換到【自訂功能區】索引標籤，在「從下列位置選擇命令」下拉清單中選擇「不在功能區的命令」，然後在對應的清單方塊中找到並選取「攝影」命令，按一下〔新增〕按鈕，將命令新增到之前設定的目標位置中。

Step 4 按一下〔確定〕按鈕，確認設定即可。

按照上一頁的方法設定好後，就可以使用「攝影」為圖表拍照了。

選取圖表所在的表格區域，切換到【插入】索引標籤，在「新增群組」中按一下「攝影」按鈕，游標將變為十字形狀，此時將游標移動到圖表所在的位置，按一下滑鼠左鍵，就可以得到一張與所選區域完全一樣的「照片」。

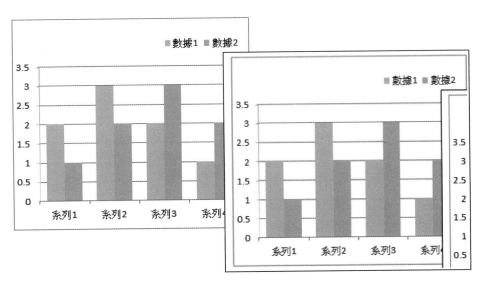

▲左：原區域／右：照片

用「攝影」功能「拍」出的「照片」，其中的內容會隨著原區域的變化發生相關的變化。因此修改圖表資料後，「照片」中的圖表也會發生相關的變化，並且可以對「拍照」得到的圖片進行移動、縮放、旋轉、設定圖片樣式等操作。

若要調整「照片」的大小，要注意在按住〔Shift〕鍵的同時拖曳圖片控制框，以便鎖定長寬比例。為避免「照片」失真，通常不建議縮放「照片」。

最常見的「照片」用法就是實現各種混排。透過攝影功能，我們可以將製作的各個表格和圖表集合拍照，然後整合到一起，實現個性化的排版，這樣做的目的不僅在於好看，更重要的是，在列印的時候可以有效地節省紙張。

∃ | PRO 級圖表處理手法

有了正確的圖表製作思維，掌握了必要的圖表製作技術之後，我們就可以再深入探討一下專家級的圖表處理手法。

這些處理手法都是在大量的實踐積累上歸納得出的，經得起考驗，能夠在實際工作中發揮效用，幫助大家迅速成為圖表專家。

圖表和資料表不一樣

原始的表格資料不一定就符合製作圖表的要求，為了保護已經完成的資料分析表格，同時滿足作圖的需要，我們應該為製作圖表準備專門的數據區域。比如前面介紹的，在自動繪製輔助線的時候，我們就需要為參考線新增一個專門的資料區域。

這樣一來，怎樣巧妙地組織作圖資料，以符合作圖需要，更好地展示資料，就成了一個需要研究探討的問題。

1. 橫條圖排序

在製作橫條圖、直條圖、圓形圖等類型的圖表進行分類對比時，如果對分類名稱的順序沒有特殊的要求，例如並非時間數列，各分類名稱間沒有一個規定的排序時，可以在作圖前，先將資料進行「從 A 到 Z 排序」或「從 Z 到 A 排序」排列，從而使圖表呈現從 A 到 Z 排序或從 Z 到 A 排序的效果，方便閱讀和比較。

關於如何為表格資料排序，在學習資料處理的時候就已經接觸過，這裡再介紹一個更「智慧」的方法，為需要自動更新的圖表模型設定自動排序的技巧，完成效果如圖。

其中，輔助資料 E 列的作用是在原始資料後新增一個影響極小的小數，用於區別原始資料中值相同的行。

為了新增自動排序的作圖資料區域，我們在 D2 到 D8 儲存格中輸入了 1 ～ 7 的序號（反之則改變圖表排序），在 E2、G2、H2 儲存格中分別輸入公式，然後利用填滿控點快速填滿公式到需要的儲存格區域中。

　　E2 儲存格公式為：**=B2+ROW()/100000**

　　G2 儲存格公式為：**=INDEX($A$2:$A$8,MATCH(H2,$E$2:$E$8,0))**

　　H2 儲存格公式為：**=LARGE($E$2:$E$8,D2)**

> **TIPS**　預設情況下，Excel 產生的橫條圖的順序與來源資料的順序相反，選取圖表座標軸，打開「設定座標軸格式」對話框，在【座標軸選項】索引標籤中勾選「數值次序反轉」核取方塊，即可反轉橫條圖的次序。

2. 善用空行和錯行

在組織作圖資料的時候，我們可以利用空行和錯行製作出一些複雜的圖表類型，比如，將直條圖和堆疊直條圖組合到一個圖表中，用以比較商品的訂單量、庫存量和進貨量等。

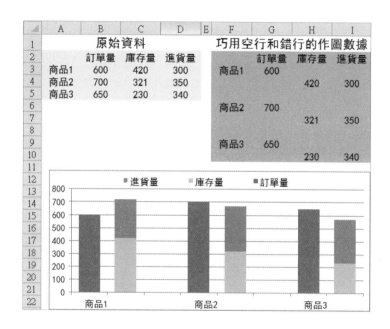

上面的圖表看起來很複雜，但是實際的製作方法很簡單。

組織好作圖資料後，選取 F2:I10 資料區域，新增直條圖，然後選取「進貨量」資料數列，將該數列的圖表類型變更為「堆疊直條圖」，然後適當調整資料數列格式、設定分類間距等。

我們為什麼要這樣利用空行和錯行呢？這裡可以這樣理解：把整個圖表看成一個堆疊直條圖，其中，資料區域中的「空行」（如 F8:I8 儲存格區域）在圖表中表現為一個什麼都不顯示的「透明」的柱子，佔據了「商品 2」與「商品 3」之間的「空位」；資料區域中的「錯行」（即各個錯位的、有空白儲存格的行），如 G3:I3 儲存格區域和 G4:I4 儲存格區域，使圖表中不「透明」的柱子顯示為「訂單量柱子」+「2 個高度為 0 的柱子」，以及顯示為「1 個高度為 0 的柱子」+「進貨量柱子」+「庫存量柱子」，進而組合成上面這樣「複雜」的圖表。

參照上面的空行與錯行利用辦法，還可以將高於平均值、低於平均值的資料數列分成
兩組分別標示出來，如下圖所示。

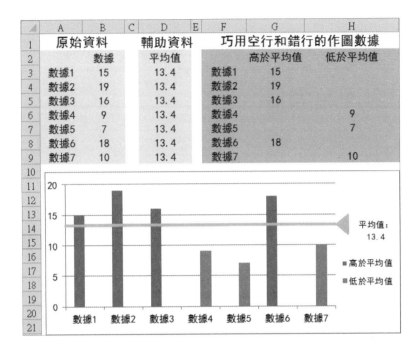

上面的圖表利用了 AVERAGE 函數和 IF 函數新增作圖資料區域，在 D3、G3、H3 儲
存格中分別輸入公式，然後利用填滿控點快速填滿公式到需要的儲存格區域中。

D3 儲存格公式為：**=AVERAGE($B$3:$B$9)**

G3 儲存格公式為：**=IF(B3>D3,B3,"")**

H3 儲存格公式為：**=IF(B3<D3,B3,"")**

新增好作圖用的資料區域後，選取 F2:H9 儲存格區域，新增直條圖，使資料分為「高
於平均值」、「低於平均值」的兩個數列，然後參照前面介紹過的自動繪製輔助線的
方法，在圖表中新增輔助線即可。

TIPS 　諸如此類的應用方法還有很多，這裡主要列舉幾個最常見的例子。在實際工作中，相信大
家能夠挖掘出更多的組織作圖資料的「妙招」。

▎處理圖表裡的超大值

在製作圖表的過程中，可能會遇到某個資料的數值特別大，此時如果要繪製直條圖或者橫條圖對資料進行分類比較，就會出現某「柱」或某「條」遠遠超出其他分類資料，進而使其他分類資料出現被迫「壓扁」的情況。

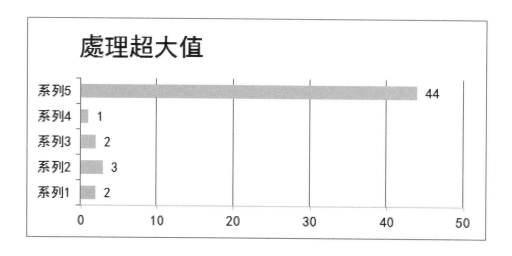

這就出現了一個很麻煩的問題，被「壓扁」的分類資料之間的差異變得難以判斷。同時，「鶴立雞群」的超大值也不美觀。

而 Excel 圖表專家們是怎麼處理超大值的呢？其實，在前面我們已經提到過處理圖表中超大值的方法，那就是「截斷」座標軸。來看看怎樣用專業的「截斷」手法對付超大值吧！

1. 沒有座標軸

在圖表沒有顯示座標軸的情況下,「截斷」超大值的步驟如下。

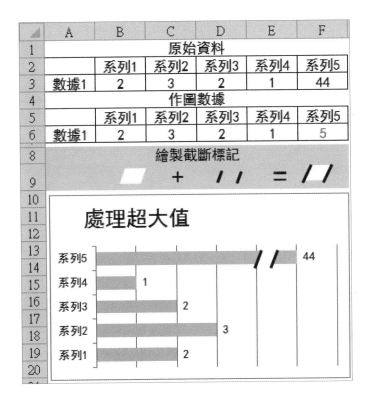

Step 1 新增作圖需要的資料區域,手工修改其中的超大值資料至適當的大小,使其在圖表中的圖形比例適當。

Step 2 在作圖資料區域新增圖表。

Step 3 圖表中插入自選圖形,製作出超大值的截斷標記。

Step 4 根據需要修改資料標籤數值,使其顯示為超大值即可。

> **TIPS** 通常情況下,截斷標記為兩條平行的斜線,可以先繪製一個平行四邊形,設定其無框線,並以圖表區背景色填滿,然後繪製兩條傾斜的短線,將四邊形與斜線組合起來,放到適當的位置即可。

2. 有座標軸

在圖表中有座標軸的情況下，在「截斷」超大值的同時也需要「截斷」座標軸，繪製截斷標記的方法可以參考前面介紹的內容，這裡不再贅述。此外，在「截斷」座標軸和超大值之後，我們還需要注意，要用文字方塊覆蓋修改相關的座標軸刻度標籤和資料標籤。

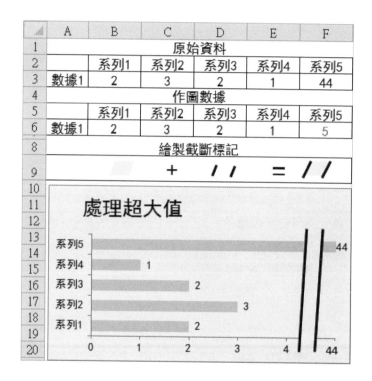

 TIPS 有時為了突出超大值與其他資料之間的差異，我們可以保留圖表中的超大值，但同時也顧全圖表的佈局平衡，版面美觀。

▍折線圖的設計缺陷

在 Excel 中產生的折線圖天生就有點「殘疾」，為了使製作出的折線圖更「專業」，避免折線圖變成一團亂麻，我們需要對它稍作處理。

1. 讓資料點落在刻度線上

預設情況下，在 Excel 中新增的折線圖，其資料點落在刻度線之間，因此，圖表中的折線並非起始於 Y 軸，並且在繪圖區前後都留有半個刻度線的空位，而在專業的商業圖表中，折線圖的資料點一般都落在刻度線上，因此，圖表中的折線起始於 Y 軸（繪圖區左側），止於繪圖區右側。

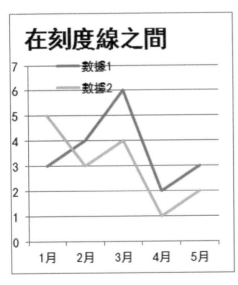
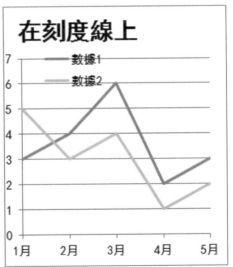

要變更 Excel 的這一預設設定，方法很簡單：打開「設定座標軸格式」對話框，切換到【座標軸選項】索引標籤，在「位置座標軸」欄中選擇「在刻度線上」單選項即可。

2. 分離一團亂麻的折線

當折線圖中存在兩個以上的資料數列時，難免會出現折線相互交叉、錯亂成一團的情況，讓人難以分辨各個資料數列的變化趨勢。

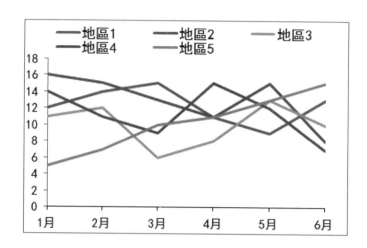

為此，Excel 圖表專家們想出了一個好辦法，那就是將各數列的折線分離，這種處理辦法又被稱為「平板圖」。

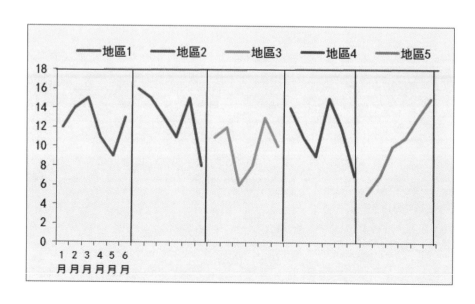

別以為這種「平板圖」製作起來有多難。這裡其實只是利用了作圖數據的組織技巧，使用前面介紹的「錯行」來巧妙地分離各折線數列，如下圖所示。

	A	B	C	D	E	F	G	H	I	J	K	L	M
1				原始資料							作圖數據		
2		地區1	地區2	地區3	地區4	地區5			地區1	地區2	地區3	地區4	地區5
3	1月	12	16	11	14	5		1月	12				
4	2月	14	15	12	11	7		2月	14				
5	3月	15	13	6	9	10		3月	15				
6	4月	11	11	8	15	11		4月	11				
7	5月	9	15	13	12	13		5月	9				
8	6月	13	8	10	7	15		6月	13				
9										16			
10										15			
11										13			
12										11			
13										15			
14										8			
15											11		
16											12		
17											6		
18											8		
19											13		
20											10		
21												14	
22												11	
23												9	
24												15	
25												12	
26												7	
27													5
28													7
29													10
30													11
31													13
32													15

至於圖表中分隔各折線的格線，我們可以用插入自選圖形的方法繪製，然後將插入的圖形組合起來，便於之後編輯圖表的大小與位置。此外，我們還可以透過新增輔助數列類比格線的方法來繪製圖表中的格子。當然，後一種辦法更專業，也更繁瑣，對於不熟悉輔助數列使用方法的讀者，在日常工作中並非必要的情況下，不建議使用這種辦法。

▍負數如何呈現於圖表

在製作圖表的過程中，有時會遇到存在負數資料的情況，比如，用條形圖或直條圖分析產品銷售量增長情況，其中出現了銷售量負增長。

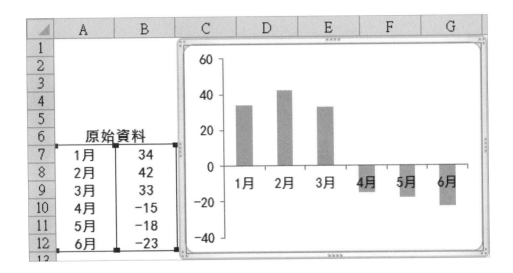

發現問題了嗎？沒有經過專家處理的存在負數資料的直條圖（橫條圖）中，負數圖形與座標軸標籤重疊在了一起，使圖表難以閱讀。同時，由於正負資料都屬於同一資料數列，要想將正負資料的圖像設定為不同的顏色，使圖表更易被理解，也成了一個棘手的問題。

為了改善這一情況，我們可以按照下面的方法對圖表進行處理，讓正負資料的座標軸標籤根據數值情況，分開「站」到座標軸兩邊，並讓正負資料分屬於不同的資料數列，便於分別設定圖形顏色，步驟如下：

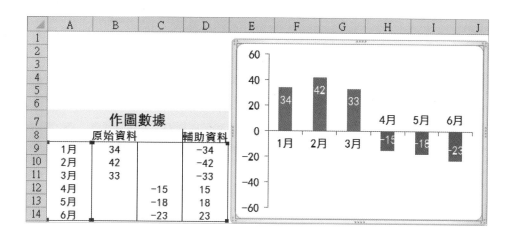

Step 1 新增輔助資料區域，輸入的數值正負與原始資料正好相反。

Step 2 根據組織好的作圖資料區域新增堆疊直條圖，其中利用了「錯行」技巧，以便之後為正負資料數列設定不同的填滿顏色。

Step 3 設定分類座標軸（即本圖表中的橫座標軸）標籤不顯示，設定輔助資料數列的資料標籤顯示位置為「軸內側」，顯示內容為「類別名稱」，用以模擬分類座標軸標籤。

Step 4 刪除格線，設定輔助資料數列的圖形無框線、無填滿色，將其隱藏。

Step 5 設定原始資料數列的資料標籤顯示為「值」，位置為「資料標籤內」。

Step 6 根據需要，為正、負值的資料數列分別設定顏色即可。

處理橫條圖中的負數方法與此類似，在此不再贅述。「錯行」的技巧原理可以參考前面介紹的組織作圖資料技巧。

４ 製作進階圖表

還記得前面講解如何根據關係選擇圖表的時候，我們提到過的進階圖表嗎？例如階梯圖、堆疊橫條圖等。下面我們就來看看這些「進階」圖表是怎麼製作出來的。

雙座標圖

在工作中有沒有遇到過這樣的情況？圖表中的資料不在同一個數量級，比如，需要將產品的銷售量與收入資料放在同一個圖表中進行資料分析，但是由於產品銷售量和收入的單位不同，數值差距太大，我們很難判斷收入的變化情況。

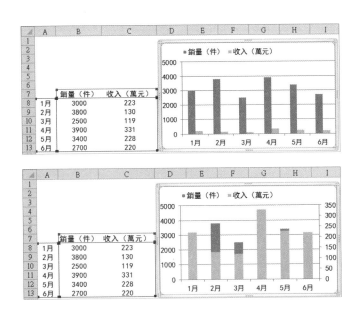

這時就需要用雙座標圖來解決這一問題。

顧名思義，雙座標圖就是同時擁有主次兩組座標軸的圖表。常見的雙座標圖有線柱圖（由直條圖和折線圖組成）、雙線圖（由兩個折線圖組成）和雙柱圖（由兩個直條圖組成）等。

1. 線柱圖

線柱圖是日常工作中最常見的雙座標圖之一，繪製步驟如下：

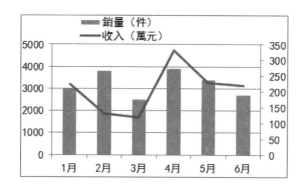

Step 1 選取「收入」資料數列，在右鍵功能表中執行「資料數列格式」命令，打開「資料數列格式」對話框，切換到【數列選項】索引標籤，在「數列資料繪製於」欄中選擇「副座標軸」選項，此時兩個資料數列的圖形重疊在了一起。

Step 2 選取「收入」資料數列，在右鍵功能表中執行「變更圖表類型」命令，在打開的「變更圖表類型」對話框中設定圖表類型為折線圖，然後按一下〔確定〕按鈕即可。

Step 3 在圖表中插入文字方塊，為主 Y 軸、次 Y 軸新增標籤，標明座標軸數值單位即可。

2. 雙線圖

雙線圖的製作方法很簡單，只需要將第二資料數列設定為顯示在次坐標軸上，然後根據需要標明左軸（主 Y 軸）和右軸（次 Y 軸）數值單位即可。

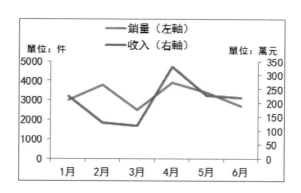

3. 雙柱圖

雙柱圖的製作則要複雜一些，為了避免柱圖重疊在一起（見線柱圖 Step 1），我們需要對其進行一些特殊處理。製作並處理雙柱圖的步驟如下。

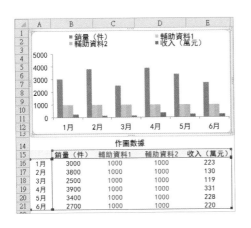 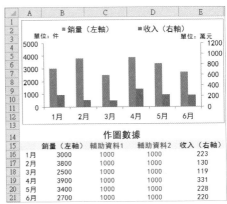

Step 1 新增兩個輔助資料區域，用於占位元（原則上，該輔助資料數值應為 0，但為了便於編輯操作，可以設定一個對應柱圖在圖表中高矮適中的數值），然後根據組織好的作圖資料區域新增直條圖。

Step 2 將「輔助資料 2」和「收入」資料數列設定為顯示在次座標軸上。

Step 3 設定「輔助資料 1」和「輔助資料 2」資料數列無填滿、無輪廓，並刪除其對應的圖例。

Step 4 根據需要編輯「銷量」與「收入」圖例標籤，標明該資料數列顯示在哪個座標軸上，然後在圖表中插入文字方塊，為主 Y 軸和次 Y 軸新增標籤，標明座標軸數值單位即可。

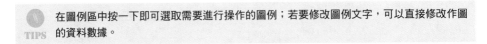

TIPS 在圖例區中按一下即可選取需要進行操作的圖例；若要修改圖例文字，可以直接修改作圖的資料數據。

▌階梯圖

我們不止一次提到階梯圖，那麼階梯圖到底是什麼？有什麼用處？該怎麼製作呢？

階梯圖又被稱為瀑布圖、步行圖，之所以這樣命名，是因為該類圖表看起來像瀑布、階梯等。階梯圖常被用來分析企業的成本構成、變化情況等，是財務分析、企業經營情況分析的利器。而它的製作是以堆疊直條圖為基礎，利用輔助資料占位元來完成的。以分析公司的成本構成為例，可以這樣製作階梯圖。

E4	▼	fx	=$F$3-SUM($F$4:F4)		
▲	A	B	C	D	E	F
1	原始資料			作圖數據		
2		成本			輔助資料	成本
3	總成本	400		總成本	0	400
4	成本1	150		成本1	250	150
5	成本2	50		成本2	200	50
6	成本3	100		成本3	100	100
7	成本4	40		成本4	60	40
8	成本5	60		成本5	0	60

新增輔助資料區域，其中輔助資料的計算公式為：

第 n 個輔助資料 = 總成本 -（成本 1+ 成本 2+……+ 成本 n）

在 E4 儲存格中輸入公式；然後利用填滿控點的方式將公式複製到相關的儲存格中。

=$F$3-SUM($F$4:F4)

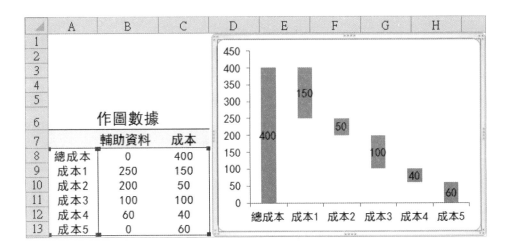

根據作圖資料區域新增堆疊直條圖，為輔助資料數列設定無填滿、無輪廓，將其隱藏起來。刪除圖例和格線，設定顯示「成本」資料數列的標籤即可。

此外，在工作中如果遇到資料分類的名稱過長等情況，為了節省空間，方便讀者閱讀，我們還可以製作橫向的階梯圖。

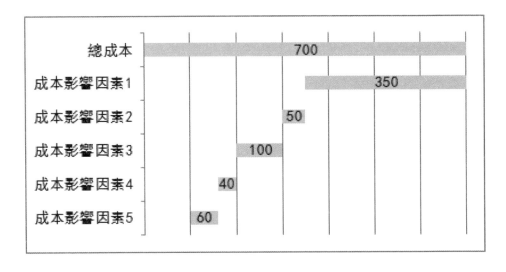

橫向階梯圖的製作方法與縱向階梯圖的製作方法基本相同，只是改以條形堆疊圖為製圖基礎，再根據需要適當設定圖表格式即可。

▍不等寬直條圖

不等寬直條圖其實也是以直條圖為基礎製作出的一種進階圖表，它常被用於市場分析領域，用來進行多維度的市場研究。一個很典型的例子就是用來研究通信公司不同產品的使用者規模和 ARPU 值資料，進而分析出運營情況。

 NOTE ARPU 即每用戶平均收入（ARPU-Average Revenue Per User）。ARPU 注重的是一個時間段內運營商從每個用戶所得到的利潤。高端用戶越多，ARPU 值越高；ARPU 值越高，利潤越高，運營商的效益也越好。

利用不等寬直條圖，我們可以用直條圖的寬度代表使用者規模，用高度代表 ARPU 值，進而實現多維度的資料分析。下面介紹的方法同樣適用於制作不等寬橫條圖。

製作不等寬直條圖的方法有多種，在此選擇思維最簡單、操作最簡易的一種來進行介紹，步驟如下：

原始資料			
	使用者規模	ARPU	累計使用者規模
產品1	60	40.00	60
產品2	35	50.00	95
產品3	25	45.00	120
產品4	10	70.00	130
產品5	30	60.00	160

Step 1 根據原始資料，計算得到累計使用者規模，然後新增作圖資料區域。

作圖數據

	產品1	產品2	產品3	產品4	產品5
1	40.00				
2	40.00				
…	…				
60	40.00				
61		50.00			
63		50.00			
…		…			
95		50.00			
96			45.00		
97			45.00		
…			…		
120			45.00		
121				60.00	
122				60.00	
…				…	
130				60.00	
131					70.00
132					70.00
…					…
150					70.00

Step 2 作圖資料區域第一列為累計使用者規模的等差數列，然後按照使用者規模，將各產品的 ARPU 值填滿到資料區域中。

TIPS 可以利用填滿控點功能可以快速完成這兩步驟的工作。此外，還可以使用 IF 函數公式快速填滿作圖資料區域。

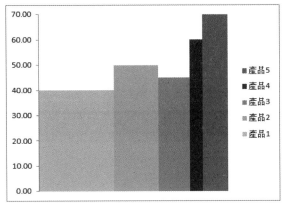

圖例：
- 產品5
- 產品4
- 產品3
- 產品2
- 產品1

Step 3 根據作圖資料區域新增堆疊直條圖，然後設定直條圖資料數列的分類間距為 0、無輪廓，刪除格線和橫座標軸即可。

TIPS 在實際工作中，製作區域圖時，不要因為作圖資料區域過「長」而設置隱藏行，否則會對圖表中該資料數列的寬度產生影響。

堆疊橫條圖

堆疊橫條圖是在橫條圖的基礎上製作出來的一種進階圖表。

堆疊橫條圖的用處有很多，你可以使用它來對比同一事物某行為影響前後的不同變化，比如分析公司促銷活動展開前後銷售量、收入等的變化情況；或者在兩個類別之間的各項指標的對比，例如對比某班男生和女生的各科平均成績；或者指標間有因果關係（同一事物在指標 1 變化的情況下，指標 2 受其影響也發生變化），比如分析產品的價格和銷量的關係等等。

1. 同指標堆疊橫條圖

以對比某班男生和女生的各科平均成績為例，製作堆疊橫條圖的步驟如下：

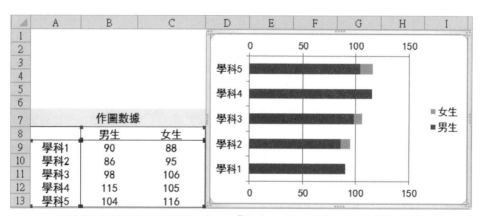

Step 1 根據作圖資料新增橫條圖，選取「男生」資料數列，打開「資料數列格式」對話框，在【數列選項】索引標籤中設定該數列資料顯示在副座標軸上。

Step 2 打開「座標軸格式」對話框，在【座標軸選項】索引標籤中設定主、次兩個橫座標軸的最大值都為 150，最小值都為 -150；在【數值】索引標籤中設定數值類別為「自訂」，在「格式代碼」文字方塊中輸入「0;0;0」，並按一下〔新增〕按鈕將其新增到「類型」清單方塊中，以使座標軸負軸不顯示負數。

Step 3 選取次 X 軸（上方的座標軸），在「座標軸格式」對話框的【座標軸選項】索引標籤中勾選「數值次序反轉」核取方塊，設定「主要刻度」、「次要刻度」和「座標軸標籤」都為「無」，使「男生」資料數列翻轉到圖表左側。

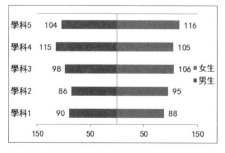

Step 4 設定縱座標軸的「主要刻度」為「無」，座標軸標籤為「低」，將座標軸標籤移至繪圖區左側，然後刪除格線，為兩個資料數列新增資料標籤即可。

2. 二合一堆疊橫條圖

還有一個簡化版的方法可以快速製作出堆疊橫條圖，那就是根據作圖資料分別新增出「男生」和「女生」兩個橫條圖，然後將二者組合為一個堆疊橫條圖，步驟如下。

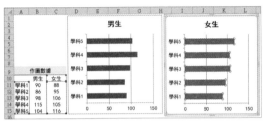

Step 1 根據作圖資料分別新增出「男生」和「女生」兩個橫條圖，將其設置為相同大小。

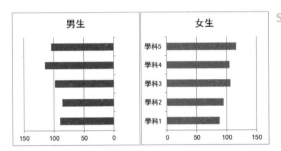

Step 2 在「男生」橫條圖中，選取橫座標軸，打開「座標軸格式」對話框，在【座標軸選項】索引標籤中勾選「數值次序反轉」，翻轉橫條圖；選取縱座標軸，設定座標軸的「主要刻度」為「無」，設定「座標軸標籤」字體顏色為白色，在不改變圖形大小的前提下隱藏多餘的縱座標標籤。

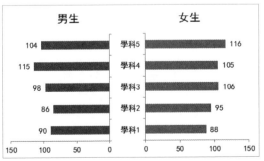

Step 3 刪除兩個橫條圖中的格線，設定顯示資料標籤，設定圖表無框線，然後將兩個圖表移動排列到一起即可。

矩陣圖

在介紹資料分析方法論和資料分析方法的時候，就提到過矩陣分析法。其中涉及的有矩陣圖，以及在此基礎上延伸出的發展矩陣圖（將各期資料繪製到同一矩陣圖中，用箭號連接表示出項目的發展變化情況）、氣泡矩陣圖（用氣泡大小表示第三項指標情況）等。

看起來如此複雜的矩陣圖是怎麼製作出來的？接下來我們就學習矩陣圖的製作方法。

1. 矩陣圖

常規的矩陣圖是以散佈圖為基礎製作出來的。以製作一個客戶滿意度優先改進矩陣圖為例，步驟如下：

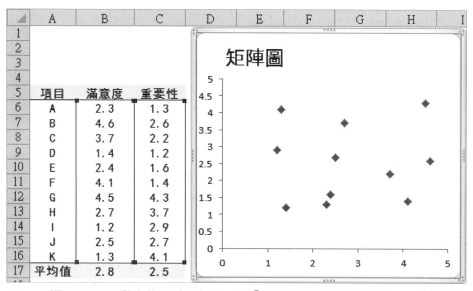

Step 1 選取 B6:C16 儲存格區域，新增一個「僅帶資料標記的散佈圖」，然後刪除格線。

TIPS 製作散佈圖時，不需要將專案名稱（A、B、C、…）和文字名稱（滿意度、重要性等）納入作圖資料範圍。

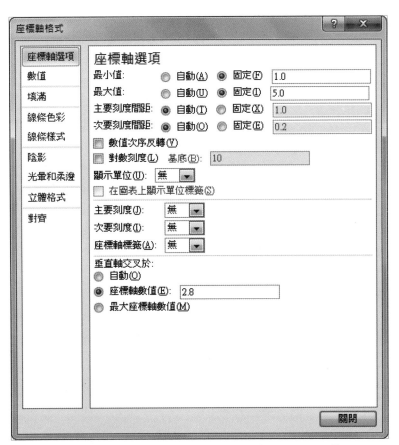

Step 2 選取 X 軸，打開「座標軸格式」對話框，在【座標軸選項】索引標籤中設定「最小值」為固定值 1.0，「最大值」為固定值 5.0（滿意度最低為 1，最高為 5）；設定「主要刻度」和「座標軸標籤」為「無」，隱藏多餘的資訊；在「垂直軸交叉於」欄中選擇「座標軸值」選項，輸入滿意度平均值為 2.8，使 Y 軸移動位置，以劃分圖表象限。

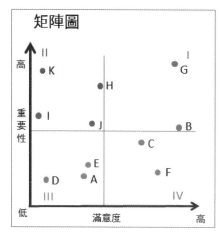

Step 3 選取 Y 軸，同上一個步驟，打開「設定座標軸格式」對話框，在【座標軸選項】索引標籤中設定「最小值」為固定值 0.5，「最大值」為固定值 4.5（重要性最低為 1，最高為 5，但為了使製作出的圖表現象劃分更美觀，根據資料情況採用本設定）；設定「主要刻度」和「座標軸標籤」為「無」，隱藏多餘的資訊；在「垂直軸交叉」欄中選擇「座標軸數值」選項，輸入重要性平均值為 2.5，使 X 軸移動位置，以劃分圖表象限，如圖。

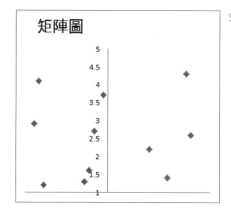

Step 4 插入「箭號」形狀的自選圖形，繪製與矩陣寬度、高度相匹配的橫向箭頭和縱向箭號，組成座標系；插入文字方塊，標明橫向箭號、縱向箭號的屬性（滿意度、重要性）並說明（高、低）；插入文字方塊，標明象限。

NOTE 根據區域情況，為各象限分類中的資料點設定不同的顏色，如為優先改進區域設定紅色，以便醒目提示。方法為：根據需要，打開「資料數列格式」對話框，設定「標記類型」，編輯資料點的形狀。

TIPS 單擊兩下圖表中的資料點，即可單獨選取該點，以進行進一步的編輯操作。

2. 發展矩陣圖

發展矩陣圖是在常規矩陣圖的基礎上為資料數列新增發展路徑而得到的，其製作步驟如下：

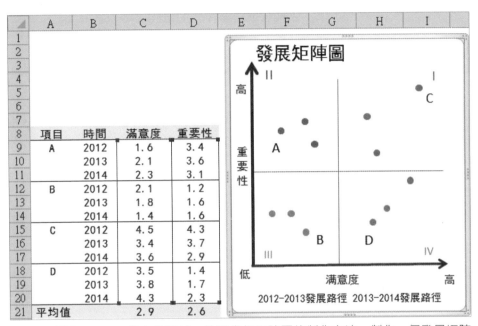

Step 1 選取 C9:D20 儲存格區域，按照常規矩陣圖的製作方法，製作一個發展矩陣圖草圖，效果如下圖所示。

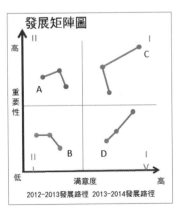

Step 2 選取任意的資料點，打開「資料數列格式」對話框，在【線條色彩】索引標籤中選擇「實心線條」單選項，選擇圖表中任意象限中的資料點顏色，作為線條色彩，完成如圖所示。

> **TIPS** 打開「資料點格式」對話框，在【線條色彩】索引標籤中選擇「無線條」單選項，去掉多餘的線條。

Step 3 若想標示出發展的方向性，打開「資料點格式」對話框，在【線條色彩】索引標籤中設定線條色彩與該資料點的顏色相同；切換到【線條樣式】索引標籤，在「箭號設定」欄中設定「終點類型」為「開放型箭號」。

TIPS 如果設定後發現箭號方向錯誤，可改為在「箭號設定」欄中設定「起點類型」為「開放型箭號」，「終點類型」為「無箭號」，以設定出正確的路徑。

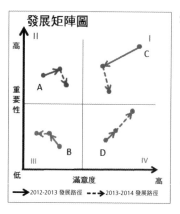

Step 4 在圖表底部的說明區域中，插入圖片或自選圖形，標明路徑即可。

3. 氣泡矩陣圖

氣泡矩陣圖的基礎是泡泡圖，泡泡圖其實是一種特殊的散佈圖，它在散佈圖的基礎上新增了第 3 個資料指標，並將其反映在氣泡的大小上：氣泡越大，其對應指標的數值越大；氣泡越小，其對應指標的數值越小。

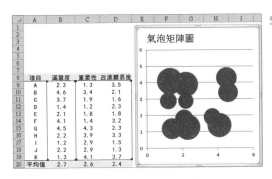

Step 1 選取 B9:D19 儲存格區域，新增一個泡泡圖。

Step 2 避免氣泡太大，並且重疊在一起，難以閱讀。打開「資料點格式」對話框，在【數列選項】索引標籤的「數值表示方式」欄中，選取「泡泡的面積」單選項，在「調整氣泡的大小為」文字方塊中設定縮放比例為 40%（根據實際情況設定）即可。

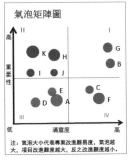

Step 3 參考常規矩陣圖的製作方法，為泡泡圖構建座標系，並進行相關的標註和格式設定，最終完成效果如下圖。

5 ｜ 走勢圖又是什麼呢？

走勢圖與 Excel 中的其他圖表不同，它不是物件，而是一種放置到儲存格背景中的微縮圖表，因此，我們特別把它單獨列出來講解。

選擇走勢圖

Excel 提供的走勢圖只有 3 種類型，分別是折線圖、直條圖和盈虧。說起折線圖和直條圖，我們都不陌生，它們是 Excel 的基礎圖表類型，其使用方法和用途相信你已經很熟悉。而走勢圖中的折線圖和直條圖只針對單一資料數列（單欄／單列資料），屬於簡化版。此外，走勢圖中的盈虧也可以理解為股價圖的簡易版。

從提供的圖表類型可以看出，走勢圖在 Excel 中的主要作用就是用來顯示出數值數列的趨勢，例如，季節性增加或減少、經濟週期等，或者用來標出資料的最大值和最小值。

雖然走勢圖不能完全替代圖表的作用，但是在日常工作中，我們可以使用走勢圖在資料表旁邊簡明地顯示出資料的趨勢，方便我們進行簡單的分析和判斷。

商品名稱	1月	2月	3月	4月	5月	6月	走勢圖
產品1	320	453	252	262	756	252	
產品2	636	774	754	895	432	544	
產品3	234	267	358	654	543	567	
產品4	214	454	643	232	546	865	
產品5	12	135	245	643	543	234	
產品6	234	546	578	664	321	-233	
產品7	325	543	754	332	-344	546	

上面的表格同時使用了走勢圖的 3 種類型。對比它們的顯示效果,發現了嗎?在選擇走勢圖類型上也有訣竅。

◆**折線圖**:更適合於展示資料的發展趨勢,配合高點和低點的醒目提示,可以快速判斷資料的變化情況。

◆**直條圖**:更適合用來展示需要進行對比的資料,透過柱形高度的比較,可以快速判斷數值差距(需要注意,直條圖中的柱高比例並不精確)。

◆**輸贏分析圖**:更適合用來反映經濟週期等擁有正負數值的資料情況。

使用走勢圖

走勢圖的使用方法比圖表要簡單很多。下面分別介紹走勢圖的新增方法和編輯方法。

1. 新增走勢圖

以新增折線圖為例,方法為:

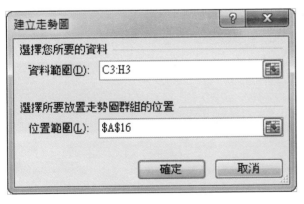

◀選取要顯示走勢圖的儲存格,切換到【插入】索引標籤,按一下「走勢圖」群組中的〔折線圖〕按鈕,此時跳出「建立走勢圖」對話框,在「資料範圍」文字方塊中設定走勢圖的資料來源,完成後按一下〔確定〕按鈕即可。

需要注意的是，新增走勢圖時，其資料來源只能是同一欄或同一列中相鄰的儲存格，否則無法新增走勢圖。此外，如果需要同時新增多個走勢圖，可先選取要顯示走勢圖的多個儲存格。

	A	B	C	D	E	F	G	H	I
1	產品資訊		7月	8月	9月	10月	11月	12月	數據走勢
2	洗髮水	單價（＄）	30	36	35	36	36	37	
3		銷售量（瓶）	163	562	540	230	456	481	
4		月銷售額（＄）	4890	20232	18900	8280	16416	17797	
5	沐浴露	單價（＄）	28	29	28	28	29	30	
6		銷售量（瓶）	263	462	590	450	456	481	
7		月銷售額（＄）	7364	13398	16520	12600	13224	14430	
8	洗面乳	單價（＄）	54	46	56	46	46	56	
9		銷售量（瓶）	333	500	640	330	456	481	
10		月銷售額（＄）	17982	23000	35840	15180	20976	26936	
11	香皂	單價（＄）	7.5	6	7	7.5	6	7	
12		銷售量（塊）	463	573	370	650	234	560	
13		月銷售額（＄）	3472.5	3438	2590	4875	1404	3920	
14	月銷售總額（＄）		33708.5	60068	73850	40935	52020	63083	

▲ 選取 I3、I6、I9、I2 儲存格，然後打開「新增走勢圖」對話框，在「資料範圍」文字方塊中設定走勢圖對應的資料源，如「C3:H3,C6:H6,C9:H9,C12:H12」即可。

> **TIPS** 同時新增的多個走勢圖將自動被組合到一起，形成一個整體，選取其中任意一個，即可對所有的走勢圖進行編輯或美化操作。

2. 編輯走勢圖

在工作表中新增走勢圖之後，功能區中將顯示【走勢圖工具 / 設計】索引標籤，透過該索引標籤，可以對走勢圖進行相關的編輯或美化操作。

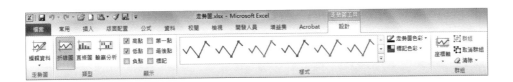

在「走勢圖」群組中，按一下〔編輯資料〕按鈕，可修改走勢圖圖組的來源資料區域或單個走勢圖的來源資料區域。

在「類型」群組中，可變更當前選取的走勢圖的類型。

在「顯示」群組中，勾選某個核取方塊可顯示相關的資料節點。其中，勾選「標記」核取方塊，可顯示所有的資料節點；勾選「高點」或「低點」核取方塊，可顯示最高值或最低值的資料節點；勾選「第一點」或「最後點」核取方塊，可顯示第一個值或最後一個值的資料節點；勾選「負點」核取方塊，可顯示所有負值的資料節點。

在「樣式」群組中，可對走勢圖應用內建樣式，設定走勢圖顏色，以及設定資料節點的顏色。

在「群組」群組中，若按一下〔座標軸〕按鈕，可對走勢圖座標範圍進行控制；若按一下〔清除〕按鈕右側的下拉選單，可清除選取的走勢圖或所有的走勢圖；若按一下〔群組〕按鈕，可將選取的多個走勢圖組合成一組，此後選取組中的任意一個走勢圖，便可同時對這個組的走勢圖進行編輯操作；若按一下〔取消群組〕按鈕，可將選取的走勢圖組拆分成單個的走勢圖。

標記了資料高點和低點，並設定了顏色的折線圖效果如下：

	A	B	C	D	E	F	G	H
1	商品名稱	1月	2月	3月	4月	5月	6月	走勢圖
2	產品1	320	453	252	262	756	262	
3	產品2	636	774	754	895	432	544	
4	產品3	234	267	358	654	543	567	
5	產品4	214	454	643	232	546	865	
6	產品5	12	135	245	643	543	234	
7	產品6	234	346	378	364	321	232	
8	產品7	325	543	754	332	344	546	

Chapter7
圖表美化技巧篇

沒有進行過任何美化的表格和圖表看起來難免讓人感到枯燥乏味，有時它們「粗糙」的外觀還會影響到閱讀理解的品質。因此，我們大可以施展手段，為 Excel 表格和圖表「化妝」。

當然，這裡需要把握一個尺度。畢竟我們的目的不是為了讓表格和圖表變得濃妝豔抹，導致惹人生厭，而是要讓它們帶著得體的「妝容」展示資料和資料分析結果。

1 | 表格設定很重要

Excel2010 的預設字體為新細明體，並且預設情況下工作表中的格線是無法列印出來的灰色。那麼，想像一下一張完全沒有經過格式設定，資料密密麻麻而又參差不齊的資料表格會是什麼樣子⋯⋯

噢！不！沒有設定過的的表格該有多可怕，因此讓表格好好「化妝」有必要的。

▎文字設定

為了使製作出的試算表更美觀，我們可以根據需要設定工作表單元格或儲存格區域中的字型、字型大小、文字顏色等文字格式，以及文字對齊方式、文字自動換列等。

1. 設定文字格式

設定文字格式的方法有以下這幾種：

◆ **透過浮動工具列設定**：按兩下需設定字型格式的儲存格，將游標插入其中，按住滑鼠左鍵並拖曳，選擇要設定的字元，然後將滑鼠游標放置在選擇的字元上，片刻後將出現半透明的浮動工具列，將滑鼠游標移到上面，浮動工具列將變得不透明，此時在其中可設定字元的字型格式。

◆ **透過「字型」群組設定**：選擇要設定格式的儲存格、儲存格區域、文字或字元，在【常用】索引標籤的「字型」群組中，可執行相關的操作來改變字體格式。

◆**透過「儲存格格式」對話框設定**：按一下「字型」群組右下角的「功能擴充」按鈕，打開「儲存格格式」對話框，在【字型】索引標籤中根據需要設定字型、樣式、大小以及字體顏色等格式。

2. 設定文字對齊方式

Excel 儲存格中的文字預設為靠左對齊，數值預設為靠右對齊。為了保證工作表中資料的整齊，可以為資料重新設定對齊方式，該操作主要在「對齊方式」群組中完成，其相關按鈕的含義如下。

◆**靠上對齊**：按一下該按鈕，資料將靠儲存格的頂端對齊。

◆**置中對齊**：按一下該按鈕，使資料在儲存格中上下置中對齊。

◆**靠下對齊**：按一下該按鈕，資料將靠儲存格的底端對齊。

◆**靠左對齊文字**：按一下該按鈕，資料將靠儲存格的左端對齊。

◆**置中**：按一下該按鈕，資料將在儲存格中左右置中對齊。

◆**靠右對齊文字**：按一下該按鈕，資料將靠儲存格的右端對齊。

3. 設定文字自動換列

在 Excel 中，除了可以透過調整行高和欄寬，讓儲存格中的資料全部顯示出來，使用者還可以使用儲存格的自動換列功能，使儲存格中更多的內容顯示出來。

◆選取要設定自動換列的儲存格或儲存格區域，按一下【常用】索引標籤下「對齊方式」群組中的〔自動換列〕按鈕即可。

◆選取要設定自動換列的儲存格或儲存格區域，打開「儲存格格式」對話框，在【對齊方式】索引標籤的「文字控制」欄中勾選「自動換列」核取方塊，然後按一下〔確定〕按鈕即可。

在「儲存格格式」對話框的【對齊方式】索引標籤中勾選「縮小字型以適合欄寬」核取方塊，將自動縮小儲存格中資料的字型大小以適合欄寬，為了使表格看起來更加美觀，使用者可以對欄寬進行適當調整。

4. 設定文字方向

在 Excel 中，我們可以根據需要設定文字方向，方法有兩種：

◆選取要設定文字方向的儲存格或儲存格區域，按一下【常用】索引標籤下「對齊方式」群組中的〔方向〕按鈕，在展開的下拉選單中根據需要進行設定。

◆選取要設定文字方向的儲存格或儲存格區域，打開「儲存格格式」對話框，在【對齊方式】索引標籤的「方向」欄中設定文字的方向或傾斜角度，然後按一下〔確定〕按鈕即可。

在「儲存格格式」對話框中【對齊方式】索引標籤的「文字方向」下拉選單中，可以設定文字的讀取順序是從左到右還是從右到左。

框線設定

預設情況下，Excel 的灰色格線無法列印出來。為了使工作表更加美觀，在製作表格時，我們通常需要為其新增框線，方法有以下幾種：

◆選取要設定框線的儲存格或儲存格區域，在【檔案】索引標籤的「字型」群組中展開「框線」下拉選單，在「框線」欄中根據需要進行選擇，快速設定表格框線。

◆選取要設定框線的儲存格或儲存格區域，在【檔案】索引標籤的「字型」群組中展開「框線」下拉選單，在「繪製框線」欄中根據需要進行選擇，手動繪製表格框線。

◆選取要設定框線的儲存格或儲存格區域，打開「儲存格格式」對話框，切換到【外框】索引標籤，根據需要詳細設定框線線條色彩、樣式、位置等，完成後按一下〔確定〕按鈕即可。

設定表格框線很簡單，但是這裡有一個「隱藏關卡」難倒了許多人，那就是為表格製作多欄表頭。

如果只需要製作兩欄表頭，則可以透過手動繪製框線，在儲存格中添加斜線；或者可以打開「儲存格格式」對話框，在【外框】索引標籤中按下 🔲 或 🔲 按鈕，新增斜框線。然後透過「文字自動換列」功能和文字對齊設定，調整表頭文字的位置即可。

若要製作兩欄以上的表頭，則需要插入自選圖案中的「直線」，配合插入「文字方塊」，以製作出多欄斜線分割的表頭效果。

地　　區　\分\月\季\份\店		第一季			第二季			合計
		1月	2月	3月	4月	5月	6月	
北京	1號分店							
	2號分店							
	3號分店							
上海	1號分店							
	2號分店							
	3號分店							
重慶	1號分店							
	2號分店							
	3號分店							
合　　計								

Step 1 切換到【插入】索引標籤，在「圖例」群組中按一下「圖案」下拉選單。

Step 2 在打開的下拉選單中，選擇「直線」自選圖案，此時游標變為十字形狀，按住滑鼠左鍵拖曳，即可繪製直線。

選取插入的直線，根據表頭製作的需要，複製並貼上線條數。

Step 3 切換到【插入】索引標籤，按一下〔文字方塊〕按鈕，在工作表中繪製一個文本框，利用複製貼上的功能新增文字方塊。再根據需要在文字方塊中輸入的文字，將文字方塊放置到需要的位置。

需要輸入多少文字，則複製多少個文字方塊，一個字對應一個文字方塊。

Step 4 按住〔Ctrl〕鍵的同時選取所有的文字方塊，在【繪圖工具／格式】索引標籤中設定文字方塊無形狀填滿、無形狀輪廓。

Step 5 按住〔Ctrl〕鍵的同時選取所有的文字方塊和繪製的直線，在【繪圖工具／格式】索引標籤的「排列」群組中按一下〔群組〕按鈕，將其群組為一個整體，便於在調節儲存格大小和位置時，保護線條與文字方塊之間的組合效果。

在 Excel 中，如果表頭的位置要佔用多個儲存格，則需要先合併表頭所在的儲存格，再進行上述操作。

背景設定

預設情況下，Excel 工作表中的儲存格為白色，而為了美化表格或突出儲存格中的內容，我們可以為儲存格設定背景色，方法有兩種：

◆選取要設定背景色的儲存格區域，在【常用】索引標籤的「字型」群組中按一下「填滿顏色」下拉選單，在打開的顏色面板中根據需要進行選擇。

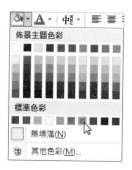

◆選取要設定背景色的儲存格區域，使用滑鼠按右鍵，在跳出的快速選單中執行「儲存格格式」命令，此時跳出「儲存格格式」對話框，在【填滿】索引標籤的「背景色彩」色板中選擇一種顏色，然後按一下〔確定〕按鈕即可。

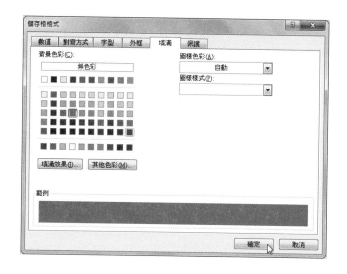

> **TIPS** 按一下〔填滿效果〕按鈕，可以為儲存格設定漸層填滿效果；按一下〔其他色彩〕按鈕可以打開「色彩」對話框，其中提供了更多的顏色選擇；按一下「圖案樣式」下拉選單，在打開的下拉清單中可以選擇一種圖案對儲存格進行填滿。

除此之外，Excel 還提供了背景圖案設定功能，可以匯入本機圖片，將其設定為工作表的背景，用以美化工作表，方法為：打開工作表，切換到【版面配置】索引標籤，按一下「版面設定」群組中的〔背景〕按鈕，此時跳出「工作表背景」對話框，選取要用來作為工作表背景的圖片，然後按一下〔插入〕按鈕即可。

如果要刪除設定的工作表背景，則按一下【版面配置】索引標籤中「版面設定」群組的「刪除背景」按鈕，即可刪除工作表的圖片背景效果。

在日常工作中，時常會設定儲存格背景色功能，然而設定工作表背景功能就顯得不足。為什麼？對比設定後的效果就能理解。

 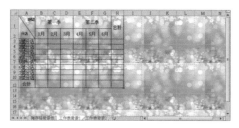

不難發現，不必要的工作表背景不僅無法美化表格、醒目提示表格內容，反而會影響表格美觀，甚至影響閱讀效果。同時，工作表背景設定作用於整個工作表，設定後的圖片效果取決於圖片尺寸大小，使用起來很不方便。

時間 分店	第一季			第二季			合計
	1月	2月	3月	4月	5月	6月	
1號分店							
2號分店							
3號分店							
4號分店							
5號分店							
6號分店							
7號分店							
8號分店							
合計							

儲存格背景色　工作表背景1　工作表背景2

使用樣式

Excel2010 提供了現成的內建儲存格樣式和內建表格格式，應用這些樣式即可快速設定儲存格或表格格式，同時它還提供了自訂樣式功能，以滿足使用者的不同需要。

1. 套用樣式

套用儲存格樣式的方法很簡單：選取儲存格或儲存格區域，在【常用】索引標籤的「樣式」群組中按一下「儲存格樣式」下拉選單，在打開的下拉清單中選擇一種樣式即可。

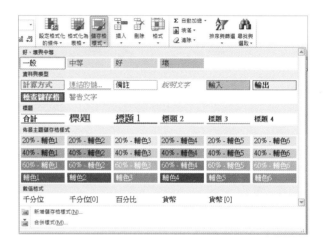

套用表格樣式的方法與之類似：打開需要套用表格樣式的工作表，選中需要套用表格樣式的儲存格區域，在【常用】索引標籤的「樣式」群組中點選「格式化為表格」下拉選單，在跳出的下拉清單中選擇一種表格格式，此時跳出「格式為表格」對話框，按一下〔確定〕按鈕，即可將選擇的表格格式應用到所選儲存格區域中。

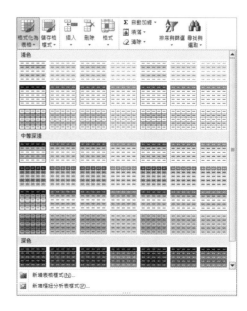

如果要清除應用的儲存格樣式或表格格式，則選取要清除格式的單元格區域，然後在【常用】索引標籤的「編輯」欄中按一下「清除」下拉選單在打開的下拉選單中按一下「清除格式」命令即可。

2. 自訂樣式

Excel 為使用者提供了自訂儲存格樣式和表格格式的功能，以滿足不同使用者的不同需要，其操作方法並不複雜。

在【常用】索引標籤的「樣式」群組中按一下「儲存格樣式」下拉選單，打開下拉清單，按一下「新增儲存格樣式」命令。跳出「樣式」對話框，在「樣式名稱」文字方塊中輸入樣式名稱，然後按一下〔格式〕按鈕，會跳出「儲存格格式」對話框，切換各索引標籤設定相關的儲存格格式，完成後按一下〔確定〕按鈕。

透過上述設定後，再次按一下「儲存格樣式」按鈕，在打開的下拉清單的「自訂」欄中可以看到自訂的儲存格樣式，按一下該樣式即可快速應用到所選的儲存格或儲存格區域中。

TIPS 如果要刪除設定的自訂儲存格樣式，方法為：在【常用】索引標籤的「樣式」群組中按一下「儲存格樣式」下拉選單，打開下拉選單，用滑鼠按右鍵「自訂」欄中需要刪除的樣式，然後在跳出的快速選單中選擇「刪除」命令即可。

設定表格格式的方法與之類似，在【常用】索引標籤的「樣式」群組中按一下「格式化為表格」下拉選單，打開下拉清單，按一下「新增表格樣式」命令，然後在彈出的「新增表格快速樣式」對話框中根據需要進行設定即可。

選取某項表格元素，按一下〔格式〕按鈕，打開「儲存格格式」對話框，在其中設定樣式，然後按一下〔確定〕按鈕，傳回「新增表格快速樣式」對話框，在「預覽」區域可以查看設定效果，不滿意時可以按一下〔清除〕按鈕清除設定。設定完成後按一下〔確定〕按鈕即可。

透過上述設定後，再次按一下〔格式化為表格〕按鈕，在打開的下拉清單的「自定義」欄中可以看到自訂的表格格式，按一下即可將其快速應用到所選的儲存格區域中。

⊇ | 圖表效果輕鬆做

掌握了圖表製作技術，能製作出「進階」圖表還不夠，我們還應該向商業圖表學習，
模仿和參考商業圖表的配色和樣式效果，就能進一步向「專業」靠攏。

▍將刻度線放在圖表前

預設情況下，圖表的格線一般使用灰色等較淺的顏色，並且會將格線放在所有圖表元
素之下，以避免干擾圖表中的資料元素。

但是一些商業雜誌為我們提供了新的圖表風格：將格線設定為黑色，並讓格線「站」
到前面，這樣的圖表讓人耳目一新。

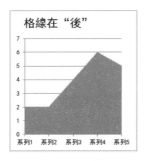
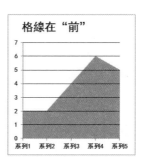

能讓格線「站到前面」的方法有許多種，其中操作最簡便、用時最少的步驟如下：

Step 1 按照常規方法製作一個有格線的圖表，複製該圖表。

Step 2 在圖表副本中，設定資料數列、繪圖區和圖表區均為無形狀填滿、無輪廓，
即讓其透明。

Step 3 設定格線為黑色。

Step 4 將圖表副本覆蓋到原圖表上，使二者精確對齊即可。

▍讓 Y 軸看起來更簡潔

為了讓圖表顯得更清爽、簡潔，可以刪除其中的格線，並將 Y 軸制作為只有刻度線而沒有座標軸的效果。

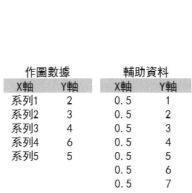

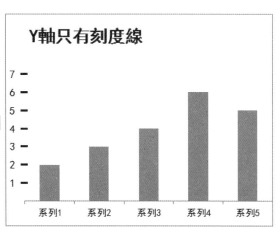

為了實現這一效果，我們利用了輔助資料數列，步驟如下：

Step 1 按照常規方法製作圖表，刪除其中的格線。

Step 2 根據 Y 軸的刻度間距（即格線間距）新增輔助資料區域，如下圖右圖所示。

Step 3 根據輔助資料，在圖表中新增輔助資料數列，並將其設定為散佈圖。

Step 4 選取輔助資料數列，根據需要設定資料數列格式，本例設定資料標記選項類型為短橫線，以黑純色填滿，無線條。

Step 5 根據實際情況調整輔助資料數列的 X 軸資料大小，使該數列資料標記更準確地落在 Y 軸上。

Step 6 設定隱藏 Y 軸及其座標軸標籤，設定顯示輔助資料標籤，顯示位置在數據點左側即可。

▍區域圖加上突顯輪廓

為了加強區域圖的顯示效果，我們可以給它加上又粗又亮的邊，並將底部設定為深色，以強調資料趨勢。但是用常規方法設定「粗邊」（在【圖表工具／格式】索引標籤中設定「形狀輪廓」），會使區域圖四周都出現「粗邊」，因此需要用一個更進階的技巧實現這一目的。

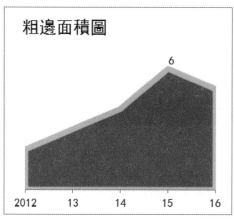
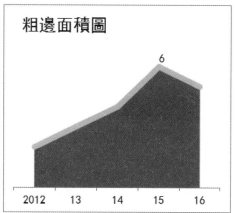

為區域圖加粗邊的步驟如下：

Step 1 按照常規方法製作區域圖。

Step 2 根據新增區域圖的來源資料，在圖表中新增一個輔助資料數列，並將其設定為折線圖，為區域圖趨勢新增「粗邊」。

Step 3 進一步設定區域圖和「粗邊」的資料數列格式，使區域圖無輪廓，填滿顏色較深，「粗邊」為高亮的粗線即可。

▍製作「半圓形」的圓形圖

不要以為「圓形圖」就一定要是一個完整的「圓」，我們也可以製作出「半圓」形（扇形）的圓形圖，步驟如下：

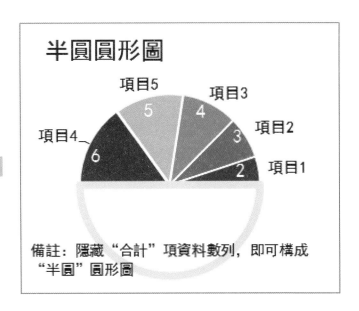

Step 1 對來源資料進行從 Z 到 A 排序排序，以便符合閱讀習慣，使製作完成後的圓形圖磁區從左到右顯示出的資料由大到小排列。

Step 2 在來源資料的基礎上，使用 SUM 函數加總得到資料「合計」項，然後根據組織好的作圖資料（包含「合計」在內）新增一個圓形圖。

Step 3 打開「設定資料數列格式」對話框，在【數列選項】索引標籤中設定第一磁區起始角度為 270°，使「合計」資料旋轉到圓形圖下半部。

Step 4 設定「合計」項資料數列無輪廓、無形狀填滿，將其隱藏，然後根據需要設定其他資料數列的形狀填滿顏色、形狀輪廓顏色、資料標籤格式等，即可構成「半圓」（扇形）圓形圖。

有些專家並不贊成使用這種「半圓」形圓形圖，認為它讓資料「撒了謊」，不過半圓圓形圖在一些商業雜誌上確實也出現過。因此，它並非不可用，只是需要謹慎對待，根據工作場合與情況，有選擇地使用。

∃ | 內建美化重點功能

下面介紹在 Excel 中使用美工圖案、外部圖片、文字方塊、文字藝術師、自選圖案等物件的方法。重點介紹一些操作思維、方法和技巧，讓大家學會在操作 Excel 的過程中能夠自由發揮。

在 Excel 中插入圖片

在 Excel 中插入圖片通常有三種方法：美工圖案、外部圖片和螢幕擷取畫面，介紹如下：

◆ **插入美工圖案**：切換到【插入】索引標籤，按一下「插圖」群組中的〔美工圖案〕按鈕，打開「美工圖案」窗格，在「搜尋」文字方塊中輸入搜尋關鍵字（如「花邊」），然後按一下〔搜尋〕按鈕，稍後在搜尋結果中按一下要插入的美工圖案即可。

◆ **插入外部圖片**：切換到【插入】索引標籤，按一下「插圖」群組中的〔圖片〕按鈕，此時跳出「插入圖片」對話框，根據圖片儲存位置尋找圖片，選取需要插入的圖片，然後按一下〔插入〕按鈕即可。

◆**螢幕擷取畫面**：切換到【插入】索引標籤，按一下「插圖」群組中的「螢幕擷取畫面」下拉選單，打開下拉選單，在「可用的視窗」欄中按一下要插入的使用中視窗的縮圖，即可自動擷取該視窗圖片並插入到文件中。

◆**螢幕擷取畫面之擷取區域**：在「螢幕擷取畫面」下拉選單中按一下「畫面剪輯」命令，此時，當前文件視窗將自動縮小，整個螢幕模糊顯示，按住滑鼠左鍵不放，拖曳滑鼠即可選擇擷取區域，被選取的區域將呈清晰顯示，放開滑鼠左鍵，即可擷取選擇的區域，並將其插入到工作表中。

插入美工圖案和圖片之後，Excel 的功能區中將顯示出【圖片工具 / 格式】索引標籤，透過該索引標籤，可以對選取的圖片進行調整圖片顏色、設定圖片樣式等。

在「調整」群組中，可刪除美工圖案或圖片的背景，以及對美工圖案或圖片調整顏色的亮度、對比度、飽和度和色調等格式，甚至設定藝術效果。

在「圖片樣式」群組中，可對美工圖案或圖片應用內建樣式，設定框線樣式，設定陰影、反射和柔邊等效果，以及設定圖片版式等格式。

在「排列」群組中，可對美工圖案或圖片調整位置、設定**翻轉**及旋轉方式等格式。

在「大小」群組中，可對美工圖案或圖片進行調整大小和裁剪等操作。

這些基礎知識相信大家都不陌生，下面以用美工圖案和外部圖片「畫」一個環保公益廣告為例，介紹其操作方法。

Step 1 取消顯示工作表格線，搜尋並插入「樹葉」美工圖案，在【圖片工具 / 格式】索引標籤的「調整」群組中按一下「顏色」下拉選單，在打開的下拉清單中選擇設定樹葉為黑色。

Step 2 使用〔Ctrl〕+〔C〕和〔Ctrl〕+〔V〕複合鍵進行複製與貼上，為黑色樹葉美工圖案新增副本。透過「排列」群組的「旋轉」下拉選單，設定樹葉副本水平翻轉，然後使用滑鼠左鍵拖曳，調整樹葉的大小和位置。

Step 3 在工作表中插入外部圖片，接著在【圖片工具 / 格式】索引標籤的「調整」群組中按一下「美術效果」下拉選單，在打開的下拉清單中選擇設定效果為「粉筆草圖」。按一下「色彩」下拉選單，在打開的下拉清單中設定圖片顏色為「橄欖綠」。在「圖片樣式」群組中快速應用「置中陰影矩形」樣式，並適當調整圖片大小和位置。

Step 4 在工作表中輸入文字，根據需要設定文字格式，然後為其所在儲存格區域設定框線即可。

在 Excel 中插入圖形

要玩轉 Excel 圖形，需要從自選圖案和 SmartArt 圖形兩方面來介紹。

1. 自選圖案

Excel2010 中內建了多種自選圖案，如線條、矩形、箭號和標註等，相信大家都不陌生。在前面製作圖表的過程中，我們不止一次使用過自選圖案，在製作多欄表頭的時候，我們也離不開自選圖案「直線」。

若要在 Excel 中插入自選圖案，方法很簡單：切換到【插入】索引標籤，按一下「圖例」群組中的「圖案」下拉選單，在打開的下拉選單中按一下要插入的自選圖案（如「右箭號」選項），此時游標變為十字形狀，使用滑鼠左鍵拖曳在工作表中繪製圖形即可。

插入自選圖案後，Excel 的功能區中將顯示出【繪圖工具 / 格式】索引標籤，透過該索引標籤，可以對自選圖案、文字方塊、文字藝術師等進行多種編輯操作。

需要提醒的一點是，在 Excel 中插入的文字方塊、文字藝術師文字方塊（注意，不是指文字藝術師，而是指文字藝術師所在的文字方塊），也可以看作是一個能夠在其中輸入文字的特殊的自選圖案，其編輯方法與其他自選圖案基本相同。

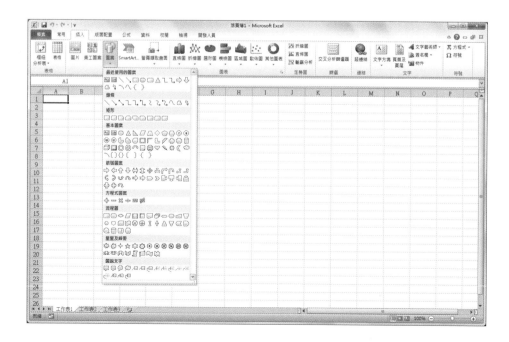

在「插入形狀」群組中，可繼續插入形狀、文字方塊，可在已插入的自選圖案中插入文字方塊，也可以編輯或變更插入的自選圖案（包含文字方塊、文字藝術師文字方塊）的形狀。

在「圖案樣式」群組中，可對自選圖案（包含文字方塊、文字藝術師文字方塊）應用內建樣式，可設定填滿樣式、框線樣式，可設定陰影、反射和柔邊等效果。

在「排列」群組中，可對自選圖案（包含文字方塊、文字藝術師文字方塊）調整位置、設定翻轉方式及旋轉方式等格式。

在「大小」群組中，可對自選圖案（包含文字方塊、文字藝術師文字方塊）進行調整大小和裁剪等操作。

 「文字藝術師樣式」群組，顧名思義，主要用於設定文字藝術師的樣式。
TIPS

用自選圖案「畫」一個小豬的頭試試看吧！

Step 1　取消顯示工作表格線，在工作表中插入一個「橢圓」自選圖案，在【繪圖工具 / 格式】索引標籤的「圖案樣式」群組中設定以粉紅色填滿形狀，無輪廓，設定形狀效果為「內部右上角」陰影。

Step 2　使用〔Ctrl〕+〔C〕和〔Ctrl〕+〔V〕複合鍵，為設定好圖案樣式的「橢圓」新增副本，然後使用滑鼠左鍵拖曳，調整「橢圓」的大小、位置和長寬比例。透過「排列」群組的「旋轉」下拉選單，設定圖形旋轉角度，得到小豬臉和小豬耳朵。

Step 3　使用〔Ctrl〕+〔C〕和〔Ctrl〕+〔V〕複合鍵，再次新增「橢圓」副本，調整大小、位置和長寬比例後，在「圖案樣式」群組中重新設定填滿顏色，構成小豬眼睛和小豬鼻子。

> **TIPS**　在按住〔Shift〕鍵的同時使用滑鼠左鍵拖曳圖形控制框，調整「橢圓」（或「長方形」）圖形大小，可以得到「正圓」（「正方」）形。

Step 4　選取繪製的自選圖案，透過「排列」群組中的「上移一層」和「下移一層」按鈕，調整圖層順序，得到最終效果。按住〔Ctrl〕鍵的同時選取所有的自選圖案，按一下「排列」群組中的〔群組〕按鈕，將所有的小豬「元件」組合為一個整體，便於以後進行移動、縮放等操作。

2.SmartArt 圖形

說到在 Excel 中玩轉圖形，就不能不提到 SmartArt 圖形。SmartArt 圖形包括清單、流程、迴圈、層次結構、關係、矩陣和金字塔圖表等類型，能夠滿足使用者的不同需要。使用它，即可新增出具有設計師水平的圖形效果，十分方便。

插入 SmartArt 圖形的方法很簡單：切換到【插入】索引標籤，按一下「圖例」群組中的〔SmartArt〕按鈕，此時跳出「選擇 SmartArt 圖形」對話框，在左側的清單中選擇圖形類型，在中間的窗格中選擇要使用的圖形，然後按一下〔確定〕按鈕即可。

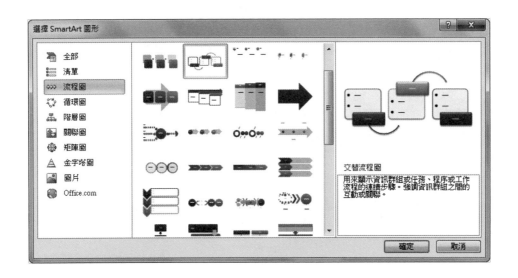

插入圖形之後，圖形中還缺少必要的文字內容。在 SmartArt 圖形中輸入文字的方法主要有以下兩種：

◆按一下插入的 SmartArt 圖形，出現圖形外框，然後按一下外框上的按鈕，跳出「在此處鍵入文字」對話框，按一下其中的「文字」字樣後，用戶可直接在此處輸入需要的文字，輸入的文字將自動顯示到 SmartArt 圖形中，完成後關閉該對話框即可。

◆在插入的 SmartArt 圖形中按一下需要輸入文字的圖形部分，該部分變為可編輯狀態，直接輸入需要的文字，完成後按一下工作表的任意空白處即可。

在工作表中插入 SmartArt 圖形時，預設的形狀個數都是有限的，如果不能滿足使用需要，使用者可以為其新增形狀。方法為：用滑鼠右鍵單擊 SmartArt 圖形，在跳出的快速選單中按一下「新增形狀」命令，然後在打開的子功能表中選擇形狀的新增位置，即可在所選位置新增形狀，以相同的方法繼續新增形狀，直到滿足使用需求，然後按照前面的介紹在形狀中輸入需要的文字即可。

新增形狀後，將自動縮小所有的形狀，以符合形狀窗格的大小。

TIPS

插入 SmartArt 圖形後將顯示「SmartArt 工具」下的【設計】和【格式】索引標籤，透過這兩個索引標籤中的命令按鈕及清單方塊可對 SmartArt 圖形的佈局、顏色以及樣式等進行編輯。

◆使用【設計】索引標籤進行編輯

SmartArt 工具的【設計】索引標籤如下圖所示,其中各主要按鈕的功能介紹如下:

在「建立圖形」群組中,可選擇為 SmartArt 圖形新增形狀。

在「版面配置」群組中,可為 SmartArt 圖形重新設定版面樣式。

在「SmartArt 樣式」群組中,可以為 SmartArt 圖形設定顏色、套用內建樣式。

在「重設」群組中,可以取消對 SmartArt 圖形所做的任何修改,恢復插入時的
狀態,或將 SmartArt 圖形轉換為形狀。

◆使用【格式】索引標籤進行編輯

SmartArt 工具下的【格式】索引標籤如下圖所示，其中各群組的功能介紹如下：

在「圖案」群組中，可變更圖形中的形狀。

在「圖案樣式」群組中，可為選擇的形狀設定樣式。

在「文字藝術師樣式」群組中，可為選擇的文字應用文字藝術師樣式。

在「排列」群組中，可以設定整個 SmartArt 圖形的排列位置和翻轉方式。

在「大小」群組中，可設定整個 SmartArt 圖形的大小。

此外，如果系統內建的圖形不能滿足需要，使用者可以為 SmartArt 圖形設定形狀和文字樣式，方法如下：

◆**設定圖案形狀**：選取需要設定樣式的形狀，然後按一下【SmartArt 工具 / 格式】索引標籤的「圖案樣式」群組中，在展開的下拉清單中點選需要的樣式，傳回工作表，即可看到套用樣式後的效果。

◆**設定文字樣式**：按一下【SmartArt 工具 / 格式】索引標籤的「文字藝術師樣式」群組中，在展開的下拉清單中選擇一種文字效果，傳回工作表，即可看到應用的文字藝術師效果。

突顯標題或重點文字

雖然插入文字方塊和插入文字藝術師的按鈕都在【插入】索引標籤的「文字」群組裡，但將它們插入到工作表時，文字方塊和文字藝術師就會顯示出它們不同的特性。

前面已經講過，文字方塊和文字藝術師文字方塊的編輯方法與自選圖案的編輯方法基本相同，而文字藝術師則自成一體，接著就來看看怎樣玩轉文字藝術師。

切換到【插入】索引標籤，按一下「文字」群組中的「文字藝術師」下拉選單，在打開的下拉選單中可以快速選擇設定好基本樣式的文字藝術師，按一下它即可在工作表中插入文字藝術師文字方塊，然後根據需要在其中輸入文字內容即可。

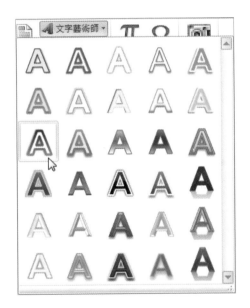

插入文字藝術師後，Excel 的功能區中將顯示出【繪圖工具 / 格式】索引標籤，在介紹自選圖案的編輯時，我們已經介紹過該索引標籤的大多數功能，這裡不再贅述。現在來看看如何透過該索引標籤的「文字藝術師樣式」群組，對插入的文字藝術師樣式進行設定。

透過內建樣式清單方塊，可以快速應用文字藝術師樣式。

透過「圖案填滿」下拉選單，可以設定以純色、圖片、材質等填滿文字藝術師。

透過「圖案外框」下拉選單，可以設定文字藝術師輪廓的顏色、粗細、線條樣式等。

透過「圖案效果」下拉選單，可以設定文字藝術師的陰影、反射、光暈、浮凸、立體旋轉和轉換等效果。

> **TIPS** 選取插入的文字藝術師後，按一下滑鼠右鍵，在跳出的快速選單中選擇「設定形狀格式」命令，即可在打開的「設定形狀格式」對話框中對文字藝術師進行上述設定。

▲此圖是設定了以材質填滿的文字、無輪廓，並設定了光暈、反射和轉換彎曲效果的文字藝術師。

Chapter8
VBA 其實並不難

① ② ③ ④ ⑤ ⑥ ⑦ **⑧** ⑨

說到 Excel 的進階應用，很多人就開始仰望巨集或是 VBA 程式設計，認為那是 Excel 頂尖高手的必備技能，甚至在「懂 VBA」與「Excel 高手」之間畫上了等號。

其實這是不科學的！

1 | 你可以不懂 VBA

人事部經理說：「幫我發一個招聘行政人員的訊息，要註明精通 Word、Excel 和 PPT 等辦公軟體。另外，還要精通 VBA 程式設計，千萬別再找個連 VBA 程式設計都不懂的人了。」

我心想：「為什麼要精通 VBA 程式設計？行政人員難道要跟專業 IT 工程師搶工作？ VBA 只是一種『高科技』手段，只有在需要經常處理大量的資料時才能顯出它的好處，平時根本用不上！」

只要略懂略懂就好

VBA 到底是什麼？就讓我來簡單介紹一下。

VBA 的全名是 **Visual Basic For Application**。它是微軟開發的一種可以在應用程式中共用的自動化語言，能夠實現 Office 的自動化，進而大大提高工作的效率。

透過 VBA 這種程式設計語言，可以實現的功能有很多，例如使重複的任務自動化，自訂 Excel 的工具列、功能表和介面，新增模組和巨集指令，提供新增類別模組的功能，自訂 Excel 使其成為開發平台，新增報表，對資料進行複雜的操作和分析等。

簡單地說，在你需要 1000 次複製、貼上薪資表表頭到每一條目，使其變成薪資條的時候，你可以利用 VBA 為「複製、貼上 1000 次」這個動作設定一個快速鍵，或者在工作表中製作一個按鈕，或者自訂一個命令按鈕到功能區中，以實現「一鍵操作」、「自動化」的目的。聽起來是不是很方便呢？

薪資表

編號	姓名	基本薪資	獎金	補貼	應發薪資
B001	朱玲	1550	6300	70	7920
B002	劉燁	1550	598.4	70	2218.4
B003	周小剛	1450	5325	70	6845
B004	羅一波	1800	3900	70	5770
B005	陸一明	1250	10000	70	11320
B006	汪洋	1650	6000	70	7720
B007	高圓圓	1800	5610	70	7480

複製貼上 **1000** 次

薪資條

編號	姓名	基本薪資	獎金	補貼	應發薪資
B001	朱玲	1550	6300	70	7920
編號	姓名	基本薪資	獎金	補貼	應發薪資
B002	劉燁	1550	598.4	70	2218.4
編號	姓名	基本薪資	獎金	補貼	應發薪資
B003	周小剛	1450	5325	70	6845
編號	姓名	基本薪資	獎金	補貼	應發薪資
B004	羅一波	1800	3900	70	5770

設定 **VBA** 快速鍵，在工作表中製作按鈕，自訂按鈕到功能區。

│VBA 說，讓巨集來「做」

說到 VBA，熟悉 Excel 的人一定能聯想到巨集和控制項等進階應用。前面也介紹過了，VBA 是一種程式設計語言。要問 VBA 和巨集到底有什麼關係，為什麼在 Excel 裡說到 VBA 就想到巨集和控制項等？這是因為巨集實際上就是用 VBA 代碼儲存下來的程式，而在工作表中新增控制項之後，我們要給控制項指定巨集或者新增代碼和屬性等，才能讓控制項為我們服務。

到這裡又有人會問：「巨集是做什麼的？控制項又是什麼？」這麼說吧，對於日常工作離不開 Excel 的職場人士來說，需要進行 VBA 程式設計的人不多，即使要經常性地處理大量資料，也有函數可以幫忙；再不行，就必須動用 Excel 的巨集和控制項功能了。最典型的例子就是透過設定巨集和控制項自動產生資料庫、定期報表等。要完成這樣的工作，根本不需要多麼高深的 VBA 程式設計知識，僅僅需要會錄製和使用巨集就好。畢竟，真正的 VBA 程式設計、巨集程式碼編寫工作還是交給專業人士來進行。

至於巨集和控制項能做什麼？以前面講到的把薪資表變成薪資條為例。我們可以利用VBA 將「複製、貼上 1000 次」這個動作「自動化」，為這個動作設定快速鍵，或者在工作表中製作一個「一鍵操作」的按鈕，或者在功能區中自訂一個「命令」按鈕。這幾個「高招」都可以透過設定巨集和控制項來輕鬆實現，而不需要我們精通 VBA程式設計。

換句話說，巨集的作用就像是事先做好了表格樣式並為其設定了快速鍵，然後透過鍵盤或滑鼠的操作就可以快速完成相關的動作。而控制項就是新增在表單上的一些圖形物件（如按鈕），透過操作該物件，可以執行預設的行為。

總之，對於絕大部分職場人士來說，真的不用懂 VBA，會錄製巨集、運行巨集、新增和使用控制項就已經足夠了。

2 巨集的基礎應用

下面我們來看看巨集的應用方法，看看到底怎麼利用 VBA 這一程式設計語言和巨集實現「Office 的自動化」。

巨集的安全設定

在預設情況下，為了保證安全，Excel 的巨集是禁用的，需要臨時將安全級別設定為啟用所有巨集才能使用。

> **TIPS**　在 Excel 中，預設情況下，「開發人員」選項並不顯示，要顯示【開發人員】索引標籤，需要切換到【檔案】索引標籤，打開「Excel 選項」對話框，然後在【自訂功能區】索引標籤中勾選「開發人員」核取方塊，按一下〔確定〕按鈕確認即可。

▲切換到【開發人員】索引標籤，按一下「程式碼」群組中的〔巨集安全性〕按鈕。會跳出「信任中心」對話框，切換到【巨集設定】索引標籤，選取「啟用所有巨集」單選項，按一下〔確定〕按鈕，即可啟用巨集。

若非特殊需求，不建議使用「啟用所有巨集」，因其會執行有潛在危險的程式碼。

TIPS

在「信任中心」對話框中，包含了多種巨集設定方式，其中各個選項的含義如下：

◆**停用所有巨集（不事先通知）**：選擇此項後，文件中的所有巨集以及有關巨集的安全警告都被禁用。受信任位置中的文件可直接運行，信任中心安全系統不會對其進行檢查。

◆**停用所有巨集（事先通知）**：此選項為預設設定，表示禁用巨集，但文件存在巨集的時候會收到安全警告。

◆**除了經數位簽章的巨集外，停用所有巨集**：與「停用所有巨集，並發出通知」選項的作用相同。但下面這種情況除外，在巨集已由受信任的發行者進行數位簽章時，若用戶信任發行者，則可運行巨集，若不信任發行者，則將收到通知。這樣，用戶就可以選擇啟用那些簽名的巨集或信任發行者，而未簽名的巨集都會被禁用且不發出通知。

◆**啟用所有巨集（不建議使用；會執行有潛在危險的程式碼）**：選取此設定後，電腦容易受到可能是惡意程式碼的攻擊，軟體可能會自動運行有潛在危險的代碼。因此，建議使用者在使用完巨集之後恢復停用所有巨集的設定。

◆**信任存取 VBA 專案物件模型**：此設定僅適用於開發人員。

錄製巨集

錄製巨集的方法其實很簡單。不信？下面就來試試看，怎樣透過錄製巨集使複製、貼上表頭的動作「自動化」，輕輕鬆鬆把薪資表變成薪資條，進而提升你掌握巨集的信心，步驟如下：

Step 1 打開薪資表，啟用巨集，選取 A1 儲存格，切換到【開發人員】索引標籤，按下〔以相對位置錄製〕按鈕，使巨集錄製的操作相對於初始選定的儲存格，然後按一下「程式碼」群組中的〔錄製巨集〕按鈕。

> **TIPS** 預設情況下，〔以相對位置錄製〕按鈕為未選取狀態，如果不按〔以相對位置錄製〕按鈕，在錄製巨集時不會使用相對參照。

Step 2 跳出「錄製新巨集」對話框，在「巨集名稱」文字方塊中輸入巨集名稱，本例輸入「薪資表變薪資條」，然後在「快速鍵」欄中設定運行巨集的快速鍵，在「將巨集儲存在」下拉清單中選擇巨集的儲存位置，完成後按一下〔確定〕按鈕。

Step 3 返回工作表，選取表頭所在的 A1:K1 儲存格區域，按下〔Ctrl〕+〔C〕複合鍵複製，然後選取 A3 儲存格，使用滑鼠按右鍵，在打開的快速選單中選擇「插入複製的儲存格」命令，在跳出的「插入貼上」對話框中選擇「現有儲存格下移」選項，按一下〔確定〕按鈕。

Step 4 此時，為第 2 條薪資條目新增了表頭，完成了「複製表頭」操作，在【開發人員】索引標籤的「程式碼」群組中按一下〔停止錄製〕按鈕，即可完成巨集的錄製。

有一點需要注意，在儲存包含巨集的活頁簿時，應將儲存類型設定支援巨集的格式，如「Excel 啟用巨集的活頁簿」。

此外，如果要在每次使用 Excel 時都能使用這個錄製的巨集，就需要在「錄製新巨集」對話框的「儲存在」下拉清單中，選擇將巨集儲存在「個人巨集活頁簿」。在選擇「個人巨集活頁簿」時，如果隱藏的個人活頁簿（Personal.xlsb）不存在，Excel 會新增一個新活頁簿，並將巨集儲存在此活頁簿中。

Excel 快速鍵小技巧！

TIPS 按下〔Alt〕+〔F8〕會顯示「巨集」對話方塊，方便我們快速建立、執行、編輯或刪除巨集。

運行巨集

巨集錄製完畢後，選取目標儲存格，按下設定的快速鍵，即可運行巨集。但這種方法
只適合巨集較小的情況，如果錄製的巨集太多，使用者很容易忘記巨集的快速鍵，此
時可以透過功能區運行巨集，步驟如下：

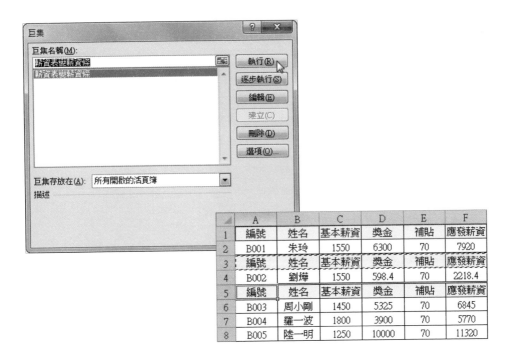

Step 1 在工作表中選取要應用巨集的儲存格，如 A3 儲存格，按一下【開發人員】
索引標籤的「程式碼」群組中的〔巨集〕按鈕。

Step 2 跳出「巨集」對話框，在「位置」下拉式清單方塊中選擇要運行的巨集所在
的位置，在「巨集名」清單方塊中選取要運行的巨集，如「薪資表變薪資條」
巨集，然後按一下「執行」按鈕。

Step 3 返回工作表，即可看到運行巨集後的效果。

在「巨集」對話框中選取巨集後，按一下〔選項〕按鈕，可在跳出的對話框中變更該巨集
TIPS 的快速鍵和說明。

這裡需要注意一個問題：為什麼在錄製巨集的時候要按下〔以相對位置錄製〕按鈕？

這是因為，在預設情況下，〔以相對位置錄製〕按鈕為未選取狀態，而該按鈕的狀態會影響到錄製的巨集的效果。以本例錄製的巨集為例，如果不按下〔以相對位置錄製〕按鈕。也就是說，在錄製巨集時不使用相對參照，則在之後運行巨集時會發現，該巨集始終執行複製 A1:K1 儲存格區域內容，插入到 A3:K3 儲存格區域，並將原表格內容下移一行的操作，無法實現「將薪資表變為薪資條」的目的。

	A	B	C	D	E	F
1	編號	姓名	基本薪資	獎金	補貼	應發薪資
2	B001	朱玲	1550	6300	70	7920
3	編號	姓名	基本薪資	獎金	補貼	應發薪資
4	編號	姓名	基本薪資	獎金	補貼	應發薪資
5	編號	姓名	基本薪資	獎金	補貼	應發薪資
6	編號	姓名	基本薪資	獎金	補貼	應發薪資
7	B002	劉燁	1550	598.4	70	2218.4
8	B003	周小剛	1450	5325	70	6845
9	B004	羅一波	1800	3900	70	5770

對比一下：在按下〔以相對位置錄製〕按鈕的情況下錄製「薪資表變薪資條」巨集，然後選取 A1 儲存格，多次執行該巨集，即可將薪資表變為薪資條；而在不按下該按鈕的情況下錄製「薪資表變薪資條」巨集，然後選取 A1 儲存格，多次執行該巨集，將使表格從第 3 行起出現連續的表頭，而無法達到隔行插入表頭、變薪資表為薪資條的效果。

	A	B	C	D	E	F
1	編號	姓名	基本薪資	獎金	補貼	應發薪資
2	B001	朱玲	1550	6300	70	7920
3	編號	姓名	基本薪資	獎金	補貼	應發薪資
4	B002	劉燁	1550	598.4	70	2218.4
5	編號	姓名	基本薪資	獎金	補貼	應發薪資
6	B003	周小剛	1450	5325	70	6845
7	編號	姓名	基本薪資	獎金	補貼	應發薪資
8	B004	羅一波	1800	3900	70	5770
9	編號	姓名	基本薪資	獎金	補貼	應發薪資
10	B005	陸一明	1250	10000	70	11320
11	B006	汪洋	1650	6000	70	7720

為巨集設定快速按鈕

下面介紹一個讓巨集「好用」的小妙招：透過自訂功能區，為常用的巨集設定快速按鈕，步驟如下：

Step 1 在工作表中錄製好巨集之後，切換到【檔案】索引標籤，按一下「選項」命令打開「Excel 選項」對話框，然後切換到【自訂功能區】索引標籤，選取要新增巨集按鈕的索引標籤，如【開發人員】索引標籤，按一下〔新增〕按鈕，新增自訂索引標籤。

Step 2 在「由此選擇命令」下拉式清單方塊中選擇「巨集」選項，在對應的列表框中選取要設定快速按鈕的巨集，如「薪資表變薪資條」巨集。

Step 3 選取新增的自訂索引標籤組，按一下〔新增〕按鈕，為所選的巨集設定功能區快速按鈕，設定完成後按一下〔確定〕按鈕即可。

為巨集設定快速按鈕之後，返回工作表，找到新增的巨集快速按鈕，單擊它即可運行該巨集。

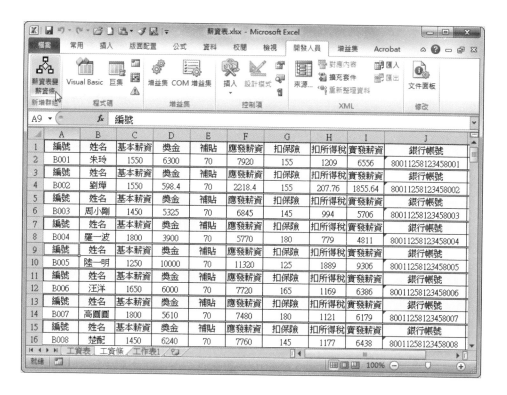

查看／修改巨集程式碼

有了巨集的幫助，我們總算擺脫了「複製、貼上 1000 次」的可怕工作量。但是有人會說：「這就是把複製、貼上 1000 次變成了運行巨集 1000 次嘛，根本沒有本質上的區別！」

的確，透過 Excel 的巨集記錄器錄製巨集，雖然操作起來很簡便，但是具有一定的侷限性。

因此，在 Excel 的實際應用中，複雜而專業的 VBA 巨集程式碼都是使用 Visual Basic 編輯器完成的。而對於使用巨集記錄器錄製的巨集，我們也可以利用 Visual Basic 編輯器查看其巨集程式碼，並進行一些修改，使其更符合需要。

要打開 Visual Basic 編輯器查看或變更錄製的巨集程式碼，可以透過「巨集」對話框，或者透過「Visual Basic」按鈕實現。下面詳細介紹這兩種打開 Visual Basic 編輯器查看巨集程式碼的方法。

◆ **透過「巨集」對話框**：打開 Excel 文件，按一下【開發人員】索引標籤的「程式碼」群組中的〔巨集〕按鈕，在跳出的「巨集」對話框的「位置」下拉式清單方塊中選取要查看的巨集所在的位置，在「巨集名」清單方塊中選取要查看的巨集名稱，然後按一下〔編輯〕按鈕，即可在打開的視窗中查看或修改巨集程式碼。

◆**透過〔Visual Basic〕按鈕：**打開 Excel 工作表，按一下【開發人員】索引標籤的「程式碼」群組中的〔Visual Basic〕按鈕，然後在打開的「Visual Basic」窗口左側的「專案」清單方塊中的巨集所在的工作表下按兩下「模組 1」選項，即可在窗口右側的窗格中查看並修改巨集程式碼。

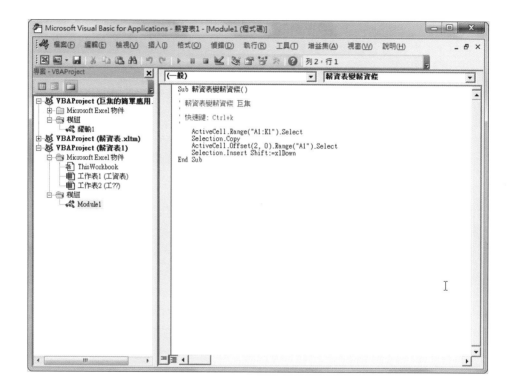

說到對巨集程式碼的修改，就會涉及 VBA 的基礎語法，日後有興趣可以查閱 VBA 程式設計專業書籍和教程。這裡舉一個例子，讓你看看修改巨集程式碼使錄製的巨集變得更「智慧」的方法。

仍以前面錄製的「薪資表變薪資條」巨集為例，打開「Visual Basic」視窗，可以看到該巨集程式碼如下。

```
Sub 薪資表變薪資條 ()
'
' 薪資表變薪資條巨集
'
' 快速鍵 :〔 Ctrl 〕+〔 k 〕
'
ActiveCell.Range("A1:K1").Select
Selection.Copy
ActiveCell.Offset(2, 0).Range("A1").Select
Selection.Insert Shift:=xlDown
End Sub
```

為了使錄製的巨集更「智慧」，需要在第一行代碼「Sub 薪資表變薪資條 ()」之後新增兩行代碼「Dim i As Long」和「For i = 2 To 100」（此處的資料需要根據薪資表表格行數設定，例如，表格有 150 行，則代碼為「For i =2 To 150」）。然後在最後一行代碼「End Sub」前加入一行代碼「Next」。最終修改後的巨集程式碼如下（變色部分為修改的代碼）。

```
Sub 薪資表變薪資條 ()
Dim i As Long
For i = 2 To 100

'
' 薪資表變薪資條 巨集
'
' 快速鍵：〔Ctrl〕+〔k〕
'
ActiveCell.Range("A1:K1").Select
Selection.Copy
ActiveCell.Offset(2, 0).Range("A1").Select
Selection.Insert Shift:=xlDown
Next
End Sub
```

完成修改之後，按一下「Visual Basic」視窗中的〔儲存〕按鈕，儲存修改即可。此後運用該巨集可以發現，Excel 即可一次性將薪資表「變」成薪資條。

巨集程式碼中如「'薪資表變薪資條巨集」、「'快速鍵：〔Ctrl〕+〔k〕」部分為註釋語句，執行巨集時並不會執行它，可以將其刪除。

∃ 控制項基礎應用

在 Excel 工作表中，系統提供了兩種控制項類型：表單控制項和 ActiveX 控制項。這兩種控制項類型的特點如下：

◆ **表單控制項**：如果需要在工作表中錄製所有的巨集並指定控制項，又想在 VBA 中編寫或變更任何一個巨集程式碼，可以使用表單控制項。但表單控制項不能控制事件，在 Web 頁中也不能用表單控制項運行 Web 腳本。

◆ **ActiveX 控制項**：該類型控制項相對來說比表單控制項更靈活，可以控制事件並有一個屬性清單，在 Excel 工作表和 VBA 編輯器中都可以使用該類型控件，也可以在 Web 頁上的 Excel 表單和資料中使用，但不能在圖表工作表中使用該類型控制項。

使用表單控制項

下面以在「會計帳務資料庫」活頁簿中新增表單控制項為例，介紹使用表單控制項的步驟。

Step 1 打開「會計帳務資料庫」活頁簿，切換到「會計憑證」工作表，按一下【開發人員】索引標籤的「控制項」群組中的「插入」下拉選單，在打開的下拉列表中按一下「表單控制項」欄的「按鈕」選項。

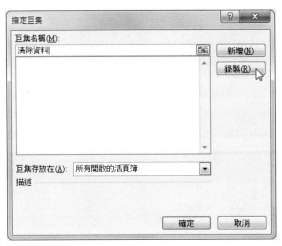

Step 2 此時滑鼠指標將變為十字形狀，在工作表中按住滑鼠左鍵拖曳至合適位置後釋放，即可繪製一個「按鈕」控制項；跳出「指定巨集」對話框，在「巨集名」文字方塊中輸入「清除資料」，然後按一下〔錄製〕按鈕。

Step 3 跳出「錄製巨集」對話框，在「快速鍵」中輸入「r」，設定巨集的快速方式，按一下〔確定〕按鈕；返回工作表中，開始錄製巨集，本例選取 A4:G12 儲存格區域，按一下滑鼠右鍵，在跳出的快速選單中選擇「清除內容」命令；按一下【開發人員】索引標籤的「程式碼」群組中的「停止錄製」按鈕，結束巨集的錄製。

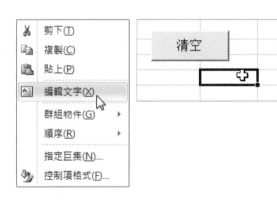

Step 4 在插入的控制項上按一下滑鼠右鍵，在跳出的快速選單中選擇「編輯文字」命令，此時按鈕進入可編輯狀態，可以在按鈕上輸入名稱，本例輸入「清空」二字，並使用滑鼠拖曳的方法適當地調整按鈕的大小和位置，完成後按一下任意儲存格退出編輯狀態。

Step 5 在插入的按鈕上按一下滑鼠右鍵，在跳出的快速選單中按一下「設定控制項格式」命令，此時跳出「控制項格式」對話框，分別設定控制項的字體、字型大小、字形和文字顏色，完成後按一下〔確定〕按鈕。

Step 6 返回工作表中，即可看到設定控制項文字格式後的效果。若要測試按鈕控件效果，則在 A4:G12 儲存格區域中輸入相關的內容，然後按一下〔清空〕按鈕，即可看到 A4:G12 儲存格區域中的資料內容被清空了。

TIPS 在插入的按鈕上按一下滑鼠右鍵，然後在跳出的快速選單中選擇「群組物件」命令，在打開的子功能表中可以將插入的多個控制項設定編組，便於對控制項進行編輯。

使用 ActiveX 控制項

新增 ActiveX 控制項與新增表單控制項的方法相似。下面以在「出入庫管理」活頁簿
中新增 ActiveX 控制項為例進行介紹，步驟如下：

Step 1 打開「出入庫管理」活頁簿，切換到「輸入資料」工作表，按一下【開發人員】
索引標籤的「控制項」群組中的「插入」下拉選單，打開下拉清單，按一下
「ActiveX 控制項」欄中的「命令按鈕」選項。

Step 2 此時滑鼠指標將變為十字形狀，在工作表中按住滑鼠左鍵不放，拖曳至合適
位置後釋放，即可繪製一個「命令按鈕」控制項。

Step 3 在插入的按鈕上按一下滑鼠右鍵，
在跳出的快速選單中按一下「設定
控制項格式」命令，此時跳出「控
制項格式」對話框，分別設定控制
項的字體、字型大小、字形和文字
顏色，完成後按一下〔確定〕按鈕。

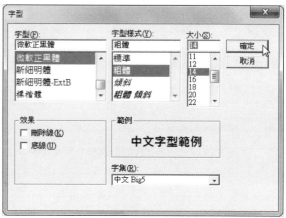

Step 4 在插入的控制項上按一下滑鼠右鍵，在跳出的快速選單中選擇「內容」命令，此時跳出「屬性」視窗，在左側的專案列表中按一下「Font」項目，在其右側的屬性文字方塊中出現一個按鈕，按一下此按鈕，跳出「字型」對話框，設定字式、字型樣式和大小，完成後按一下〔確定〕按鈕。

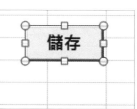

Step 5 返回「屬性」視窗，在右側的項目列表中按一下「ForeColor」選項，在其右側的屬性文字方塊中按一下下拉式清單按鈕，在跳出的下拉清單中切換到【調色盤】索引標籤，選擇一種字體顏色。設定完成後，按一下「關閉」按鈕，關閉「屬性」視窗返回工作表，即可看到設定命令按鈕屬性後的效果。

Step 6 用滑鼠按右鍵「命令按鈕」控制項，在跳出的快速選單中按一下「檢視程式碼」命令；跳出「Microsoft Visual Basic」編輯器視窗，在「Sheet1（輸入資料）」視窗中編輯代碼，完成後按一下〔儲存〕按鈕對其進行儲存。

```
Private Sub CommandButton1_Click()
Dim i, j As Integer ' 定義整行變數
Dim rng As Range ' 定義區域變數
Dim date_a As Date ' 定義日期變數
Dim bianhao As String ' 定義字串變數
j = Application.CountA(Range("B4:B9")) + 3
' 獲得所輸入產品的最後一條記錄的行號
If j < 4 Then Exit Sub
' 當 j 小於 4 時，即沒有輸入產品資料時停止執行該過程
date_a = Range("C2").Value
' 將 C2 儲存格內的日期值賦給變數 Date_a
bianhao = Range("G2").Value
' 將 G2 儲存格內的編號值賦給變數 bianhao
Set rng = Range("B4:G" & j)
' 假如 j 為 5，則將儲存格區域 B4:G5 賦給變數 rng
With Sheets(" 資料清單 ")
i = .Range("A" & Rows.Count).End(xlUp).Row + 1
' 首先記錄 A 列的行數（即工作表的總行數），然後向上尋找第一個非空值的儲存格行數，再加「1」
.Range("A" & i & ":A" & i + j - 4).Value = date_a
.Range("b" & i & ":b" & i + j - 4).Value = bianhao
.Range("c" & i & ":h" & i + j - 4).Value = rng.Value
' 以上 3 行代碼相當於分別將日期、編號和產品資訊複製到「資料清單」工作表中的相關位置
End With
End Sub
```

出 入 庫 單

日期：		7月20日		單號：		2015072001

編號	品名	單位	數量	單價	金額
101	牙膏	條	3	50	150
104	香皂	塊	5	10	50

儲存

注意： 1.入庫用正數
2.出庫用負數

輸入資料 / 資料清單

出 入 庫 清 單

日期	單號	編號	品名	單位	數量	單價	金額
2015/7/20	2015072001	101	牙膏	條	3	50	150
2015/7/20	2015072001	104	香皂	塊	5	10	50

輸入資料 資料清單

Step 7 返回工作表中，在【開發人員】索引標籤的「控制項」群組中按一下〔設計模式〕按鈕，退出設計模式即可。若要測試按鈕控制項效果，則在「出入庫單」中輸入「日期」、「單號」等產品的出入庫資訊，然後按一下〔儲存〕按鈕，切換到「資料清單」工作表中，即可看到剛才輸入的資料資訊已被儲存到該工作表中。

Chapter9
辦公室常用的Excel技能

這年頭，埋頭苦幹未必能得到老闆的賞識；要讓老闆滿意，就必須做得更多、更好，
相信許多人都會有共鳴吧！

1 │ 把 Excel 匯入 PPT

要展示資料分析報告，常常需要使用簡報（PowerPoint）。下面我們就來看看怎麼才能快速、高效、安全地將 Excel 表格和圖表匯入簡報 PPT 中。

有人說，用萬能的〔Ctrl〕+〔C〕和〔Ctrl〕+〔V〕快速鍵，複製和貼上就可完成。這個思維沒有錯，但是這種操作方法存在一個嚴重的問題：這樣貼上到 PPT 中的 Excel 圖表就是一個「花瓶」。

舉例來說，選取 Excel 表格和圖表所在的儲存格區域，使用〔Ctrl〕+〔C〕和〔Ctrl〕+〔V〕快速鍵將其複製、貼上到 PPT 中，造成的結果就是，雖然能夠在 PPT 中直接修改表格資料，但是無法同步反映到對應的圖表中，如下圖所示。當然，更無法修改 Excel 中的來源資料。

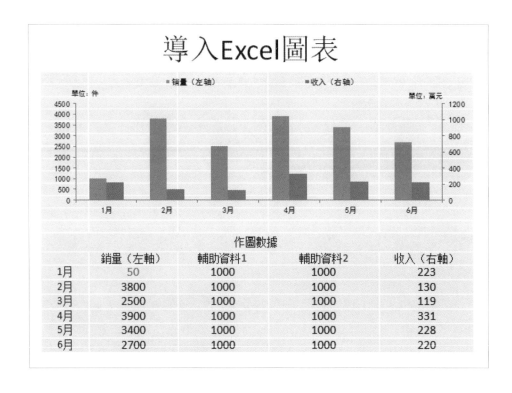

匯入 Excel 表格和圖表

要把 Excel 表格和圖表匯入 PPT 投影片中，正確的做法應該是利用「選擇性貼上」
功能來完成，步驟如下：

Step 1 在 Excel 中選取表格和圖表所在的儲存格區域，按下〔Ctrl〕+〔C〕快速鍵複
製。

Step 2 切換到 PPT，選取需要匯入 Excel 圖表的投影片，在【常用】索引標籤的「剪
貼簿」群組中按一下「貼上」下拉選單，然後在打開的下拉選單中按一下「選
擇性貼上」命令。

Step 3 跳出「選擇性貼上」對話框，選擇「貼上連結」單選項，在對應的清單框中
選擇「Microsoft Excel 工作表物件」選項，然後按一下〔確定〕按鈕即可。

這相當於在 PPT 中匯入了一張所選 Excel 儲存格區域的「即時照片」，在 Excel 中修改該儲存格區域中的內容，就會反映到 PPT 投影片中。例如，在 Excel 工作表中修改匯入區域中的表格資料（例如修改 1 月銷量），即可看到 PPT 投影片中的資料和圖表也同樣發生了變化。

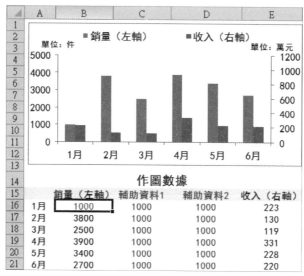

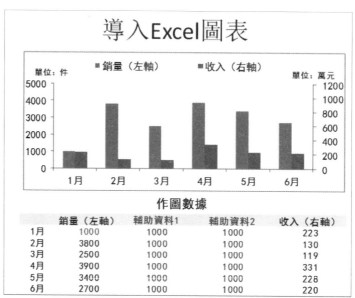

更新匯入的連結

在 PPT 資料分析報告裡匯入 Excel 表格和圖表還涉及「更新連結」的問題，來看看怎樣及時更新匯入的表格和圖表資料。

◆打開 PPT 檔時，系統將提示是否要更新連結，按一下「更新連結」按鈕將自動更新所有的連結，在確定所有的 Excel 原始檔案都已修改正確的情況下，可以使用本方法。為避免工作疏漏，不建議使用該方法。

◆選取 PPT 中匯入的 Excel 表格和圖表物件，然後按一下滑鼠右鍵，在跳出的快速選單中按一下「更新連結」命令即可。使用本方法可以在更新資料的第一時間檢查更新結果，判斷是否正確，便於逐一更新、檢查和確認，建議在工作中使用。

◆按兩下 PPT 中匯入的 Excel 表格和圖表物件，即可打開對應的 Excel 原始檔案，在其中進行編輯操作，儲存後，修改的結果就會反映到 PPT 中。使用本方法可以一邊修改 Excel 原始檔案，一邊即時更新 PPT 投影片，建議在工作中使用。

2 | 用電子郵件發送表格

組長 LINE 給小陳：「小陳，資料分析報告完成否？急用。」

小陳回覆：「老大，您不是去南部視察了嗎？我…我這就把報告用隨身碟快遞過去給您啊！給我您的住宿地址……」

呵呵，這簡直不能算是一則笑話！

這年頭，還真沒有幾個員工不會用電子郵件發送檔案的。Excel 也緊跟潮流，提供了一個「使用電子郵件發送」功能，用起來沒有 Gmail、Yahoo 這些免費信箱方便，不過需要先安裝「Microsoft Office Outlook」，獲取該元件的支援才能用。

安裝好「Microsoft Office Outlook」後，打開需要發送的 Excel 試算表，切換到【檔案】索引標籤，按一下「共用」命令，在打開的子選項群組中單擊「使用電子郵件發送」命令，在打開的子選項群組中按一下「作為附件發送」命令，此時跳出郵件發送介面，在「收件人」文字方塊中輸入收件人電郵地址，按一下〔發送〕按鈕，即可發送試算表。

在用電子郵件發送檔案時，需要注意以下兩點。

◆不要只發附件

不要以為發送電子檔為目的的郵件就不用「寫信」了，簡單說明一下發送的附件內容，認真編輯一封「短信」，才能給上司留下好印象。

周經理：

您好！

6 月公司銷售情況分析已隨信發送附件，請查收。

祝工作順利！

May

2015 年 6 月 8 日

◆**先上傳附件**

怎樣才能避免因一時大意，送出漏發附件的電子郵件呢？好習慣就是先上傳附件，然後寫「信」，最後新增收件人。這樣做一方面有利於合理利用時間，尤其是在附件較大的時候，另一方面，可以有效地避免將漏帶附件、沒有寫「信」的郵件發送出去。

∃ | 列印設定技巧

試算表製作完成後常常需要列印出來。因此，掌握 Excel 表格的一些列印技巧是有必要的。下面將介紹在列印之前如何設定頁面和頁首／頁尾，設定之後如何列印工作表，以及一些實用的列印技巧。

| 版面設定

列印工作表之前，需要對其進行適當的版面設定，下面從設定頁面大小、頁面方向和邊界等三個方面來介紹。

1. 設定頁面大小

設定頁面是指設定打印紙張的大小。在 Excel 2010 中，設定頁面大小的方法主要有兩種：

◆**透過功能區設定**：打開需要列印的工作表，然後切換到【版面配置】索引標籤，按一下「版面設定」群組中的「大小」下拉選單，在跳出的下拉清單中選擇需要的紙張大小即可。

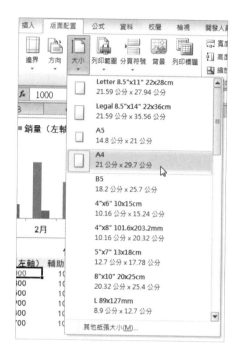

◆**透過「版面設定」對話框設定**：打開需要列印的工作表，然後切換到【版面配置】索引標籤，按一下「版面設定」群組右下角的「功能擴充」按鈕，在彈出的「版面設定」對話框中按一下「紙張大小」下拉選單，在打開的下拉列表中選擇需要的紙張大小，然後按一下〔確定〕按鈕即可。

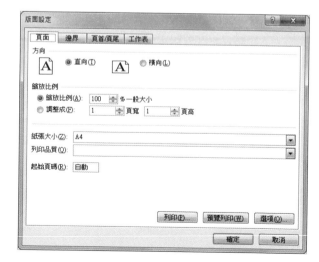

2. 設定頁面方向

在 Excel 中，預設的頁面方向為縱向。在實際工作中，有些工作表中的資料列過多而欄較少，此時可以將頁面方向設定為橫向，以減少列印頁數。

◆**透過功能區變更頁面方向**：打開需要列印的工作表，然後切換到【版面配置】索引標籤，按一下「版面設定」群組中的「方向」下拉選單，在跳出的下拉清單中選擇需要的紙張方向即可。

◆**透過「版面設定」對話框設定**：打開需要列印的工作表，切換到【版面配置】索引標籤，按一下「版面設定」群組右下角的「功能擴充」按鈕，在跳出的「頁面設定」對話框中根據需要選擇「縱向」或「橫向」單選項，設定頁面方向，然後按一下〔確定〕按鈕即可。

3. 設定邊界

邊界是指頁面上列印範圍之外的空白區域，使用者可以根據需要對其進行設定，方法為：打開需要列印的工作表，切換到【版面配置】索引標籤，按一下「版面設定」群組右下角的「功能擴充」按鈕，跳出「版面設定」對話框，切換到【邊界】索引標籤，在各個數值框中輸入相關的邊界數值，完成後按一下〔確定〕按鈕即可。

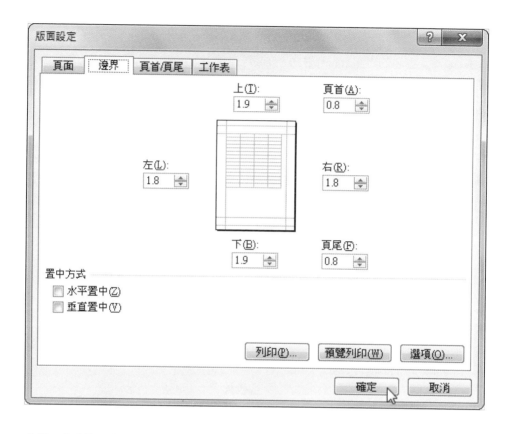

此外，在實際工作中有時需要列印的資料不多，直接列印資料內容可能會集中在紙張的頂端，看起來很不美觀。此時可以在「版面設定」對話框的「置中方式」欄中，透過勾選「水平置中」和「垂直置中」核取方塊進行相關的設定。

◆勾選「**水平置中**」**核取方塊**：使工作表的資料在左右邊距之間水平居中列印。

◆勾選「**垂直置中**」**核取方塊**：使工作表的資料在上下邊界之間垂直居中列印。

◆勾選「**水平置中**」和「**垂直置中**」**核取方塊**：使工作表的資料居中列印。

設定頁首和頁尾

頁首和頁尾的作用相信大家都知道，一個用來顯示每一頁頂部的資訊，通常包括表格名稱等內容，一個則用來顯示每一頁底部的資訊，通常包括頁數、列印日期和時間等。接著我們就來看看如何在 Excel 中設定頁首和頁尾。

1. 新增系統內建的頁首／頁尾

要新增系統內建的頁首／頁尾，步驟如下：

Step 1 打開活頁簿，切換到【版面配置】索引標籤，按一下「版面設定」群組右下角的「功能擴充」按鈕。

Step 2 跳出「版面設定」對話框，切換到【頁首／頁尾】索引標籤，在「頁首」下拉清單中選擇一種頁首樣式。

Step 3 「頁尾」下拉清單中選擇一種頁尾樣式，完成後按一下〔確定〕按鈕即可。

> **TIPS** 在一般文件檢視中不能查看和編輯頁首／頁尾，切換到【檢視】索引標籤，按一下「活頁簿檢視」群組中的〔整頁模式〕按鈕，切換到〔整頁模式〕檢視，才能查看和編輯頁首／頁尾。

2. 自訂頁首／頁尾

要在工作表中新增自訂的頁首／頁尾，步驟如下：

Step 1 打開活頁簿，切換到【版面配置】索引標籤，按一下「版面設定」群組右下角的「功能擴充」按鈕。

Step 2 跳出「版面設定」對話框，切換到【頁首 / 頁尾】索引標籤，按一下〔自訂頁首〕按鈕，此時跳出「頁首」對話框，可以根據需要設定頁首內容，完成後按一下〔確定〕按鈕。

Step 3 返回「版面設定」對話框，按一下〔自訂頁尾〕按鈕，然後跳出「頁尾」對話框，按照設定頁首的方法設定頁尾，完成後按一下〔確定〕按鈕。

Step 4 返回「版面設定」對話框，按一下〔確定〕按鈕儲存設定即可。

3. 為首頁或奇偶頁設定不同的頁首／頁尾

按照上面的方法，設定好的頁首和頁尾將自動顯示到每一頁的相關位置上。然而在工作中，有時需要將首頁或奇數頁、偶數頁分別設定成不同的頁首／頁尾內容。

要為首頁或奇偶頁設定不同的頁首／頁尾，方法很簡單：打開活頁簿，然後打開「版面設定」對話框，在【頁首／頁尾】索引標籤中勾選「奇偶頁不同」和「首頁不同」核取方塊，此時「頁首」和「頁尾」下拉式清單方塊為灰色狀態，表示系統內建的頁首／頁尾樣式不可用，根據需要分別設定好首頁的頁首／頁尾、奇偶頁的頁首／頁尾即可。

▎常用列印設定

表格和圖表製作完成後，切換到【檔案】索引標籤，按一下「列印」命令，即可在打開的頁面中預覽工作表的列印效果。透過預覽工作表確認列印效果之後，在「列印」窗格的「複本」資料框中輸入需要列印的份數，在「頁面」資料框中輸入要列印的頁碼範圍，設定好後按一下〔列印〕按鈕，即可開始列印。

TIPS　預設情況下，「複本」資料框中的列印份數為 1 份，「頁面」資料框中的列印頁碼範圍為全部列印。

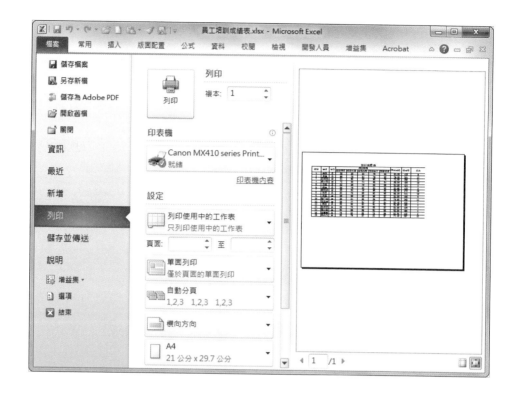

這樣看來，列印似乎是一項簡單的工作？這可就錯了，說起列印，其實還有許多門道呢！繼續看下去。

◆**列印同一活頁簿中的多個工作表**：打開要列印的活頁簿，在按住〔Ctrl〕鍵的同時按一下需要列印的多個工作表的標籤，此時在標題列中顯示出「工作群組」字樣，然後切換到【檔案】索引標籤，按一下「列印」命令，在打開的窗格中按一下〔列印〕按鈕即可。

◆**列印一個活頁簿中的所有工作表**：打開要列印的活頁簿，在【檔案】索引標籤中按一下「列印」命令，然後在打開的窗格中按一下「設定」欄下方的下拉按鈕，在打開的下拉清單中選擇「列印整本活頁簿」選項即可。

◆**不列印零值**：打開要列印的工作表，切換到【檔案】索引標籤，按一下其中的「選項」命令，跳出「Excel 選項」對話框，切換到【進階】索引標籤，在「此工作表的顯示選項」欄中取消勾選「在具有零值的儲存格顯示零」核取方塊，然後按一下〔確定〕按鈕即可。

◆**不列印公式錯誤值**：打開要列印的工作表，切換到【版面配置】索引標籤，按一下「版面設定」群組右下角的「功能擴充」按鈕，跳出「版面設定」對話框，切換到【工作表】索引標籤，在「儲存格錯誤為」下拉式清單方塊中選擇「空白」選項，然後按一下〔確定〕按鈕即可。

◆**列印公式而非計算結果**：打開要列印的工作表，切換到【檔案】索引標籤，按一下其中的「選項」命令，跳出「Excel 選項」對話框，切換到〔進階〕索引標籤，勾選「此工作表的顯示選項」欄中的「在儲存格顯示公式，而不顯示計算的結果」核取方塊，然後按一下〔確定〕按鈕即可。

◆**列印工作表行列標號**：打開要列印的工作表，切換到【版面配置】索引標籤，勾選「工作表選項」群組中「標題」欄下方的「列印」核取方塊，然後執行列印操作即可。

◆**縮放列印**：打開要列印的工作表，切換到【版面配置】索引標籤，按一下「配合調整大小」群組右下角的「功能擴充」按鈕，跳出「版面設定」對話框，調整「縮放比例」，如調為「95%」，然後按一下〔確定〕按鈕即可。

◆**列印部分表格區域**：選取需要列印的表格區域，在【版面配置】索引標籤的「版面設定」群組中按一下「列印範圍」下拉選單，在打開的下拉選單中按一下「設定列印範圍」命令即可。

ㄐ｜共用活頁簿技巧

為了方便區域網中的其他使用者對活頁簿文件進行編輯或查看，可以將活頁簿屬性設定為共用。

共用活頁簿之後，多個使用者就能同時編輯一個試算表了，這有利於提高辦公效率。

▌新增／取消共用活頁簿

新增共用活頁簿的方法很簡單：打開要共用的活頁簿，切換到【校閱】索引標籤，按一下「變更」群組中的〔共用活頁簿〕按鈕，此時跳出「共用活頁簿」對話框，並預設打開【編輯】索引標籤，勾選其中的「允許多人同時修改活頁簿，且允許合併活頁簿」核取方塊，按一下〔確定〕按鈕。然後在跳出的提示對話框中按一下〔確定〕按鈕，儲存共用設定即可。

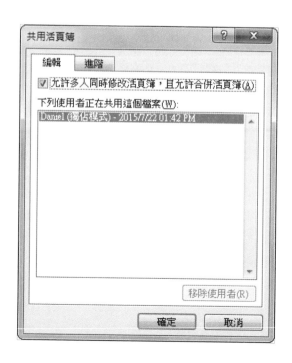

打開共用後的活頁簿，可以看見標題列檔案名後出現了「共用」二字，表示該試算表已被設定成了共用試算表。

需要注意的是，設定活頁簿為共用活頁簿的是擁有者，能同時編輯共用活頁簿的為其他使用者。共用活頁簿對其他使用者的操作是有限制的，例如，不能進行合併儲存格、條件格式、插入圖表、插入圖片、資料驗證、插入物件、超連結、分類匯總以及插入樞紐分析表、保護活頁簿（表）和使用巨集等操作。

共用活頁簿後，將其放到辦公室內部網路的共用資料夾中，內網中的其他使用者即可在各自的電腦上編輯該活頁簿。在 Windows 7 作業系統中，所有的公用資料夾預設為共用資料夾，因此只要將設定了共用屬性的活頁簿放入其中即可。

要取消活頁簿共用設定，方法也很簡單：打開共用後的活頁簿，按一下【校閱】索引標籤的「變更」群組中的〔共用活頁簿〕按鈕，跳出「共用活頁簿」對話框，取消勾選「允許多人同時修改活頁簿，且允許合併活頁簿」核取方塊，按一下〔確定〕按鈕。然後在跳出的「Microsoft Excel」提示對話框中按一下〔是〕按鈕即可。

取消活頁簿的共用屬性後，標題列檔案名後的「共用」二字也會消失。

▍修訂共用活頁簿

在 Excel 中修訂共用活頁簿有兩種情況：一種是醒目提示修訂，另一種是接受 / 拒絕修訂。這是什麼呢？

1. 醒目提示修訂

共用活頁簿之後，同一活頁簿可以被多用戶修訂，若設定了醒目提示修訂命令，則能夠顯示其他使用者對共用活頁簿的修訂過程。設定醒目提示修訂的步驟如下。

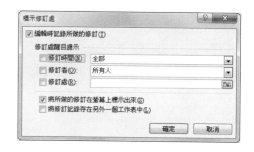

Step 1 打開共用後的活頁簿，修改工作表中的資料；按一下【校閱】索引標籤的「變更」群組中的「追蹤修訂」下拉選單，在打開的下拉選單中按一下「標示修訂處」命令。

Step 2 跳出「標示修訂處」對話框，取消勾選「修訂處醒目提示」欄的所有核取方塊，然後按一下〔確定〕按鈕。

返回工作表，即可看到修改了資料的儲存格內新增了標記，將滑鼠游標指向該標記，可以看到相關的註解。

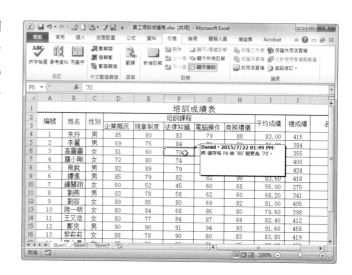

2. 接受 / 拒絕修訂

在修訂共用活頁簿的內容時，各使用者之間可能會產生修訂衝突，利用接受 / 拒絕修訂命令可以由擁有者來確定是否接受其他使用者修訂的內容。設置接受 / 拒絕修訂的步驟如下：

Step 1 打開設定了醒目提示修訂的活頁簿，按一下【校閱】索引標籤的「變更」群組中的「追蹤修訂」下拉選單，在打開的下拉選單中按一下「接受/拒絕修訂」命令。

Step 2 跳出「接受或拒絕修訂」對話框，取消勾選「時間」核取方塊，然後按一下〔確定〕按鈕。

Step 3 跳出「接受或拒絕修訂」對話框，根據需要選擇是否接受修訂，若不接受，則按一下〔拒絕〕按鈕。

Step 3 此時 Excel 將自動跳轉到第 2 個變更處，要求使用者選擇是否接受修訂，完成後按一下〔關閉〕按鈕，關閉該對話框即可。

2AC726【Office達人】

Excel職場新人300招【第三版】：
函數、圖表、報表、數據整理有訣竅，原來這樣做會更快！

作　　　者	賈婷婷
責任編輯	陳嬿守、單春蘭
主　　　編	黃鐘毅
美術編輯	劉依婷
封面設計	走路花工作室
行銷企劃	辛政遠、楊惠潔
總 編 輯	姚蜀芸
副 社 長	黃錫鉉
總 經 理	吳濱伶
發 行 人	何飛鵬
出　　　版	電腦人文化
發　　　行	城邦文化事業股份有限公司
	歡迎光臨城邦讀書花園
	網址：www.cite.com.tw
香港發行所	城邦（香港）出版集團有限公司
	香港灣仔駱克道193號東超商業中心1樓
	電話：(852) 25086231　傳真：(852) 25789337
	E-mail：hkcite@biznetvigator.com
馬新發行所	城邦（馬新）出版集團 Cite(M)Sdn Bhd
	41,jalan Radin Anum,
	Bandar Baru Sri Petaling,
	57000 Kuala Lumpur,Malaysia.
	電話：(603) 90563833 傳真：(603) 90576622
	Email：services@cite.my

印　刷／凱林彩印股份有限公司
2023年3月三版1刷　Printed in Taiwan.
定價／420元

●如何與我們聯絡：
1.若您需要劃撥購書，請利用以下郵撥帳號：
　郵撥帳號：19863813　戶名：書虫股份有限公司
2.若書籍外觀有破損、缺頁、裝釘錯誤等不完整現
　象，想要換書、退書，或您有大量購書的需求服
　務，都請與客服中心聯繫。

客戶服務中心
　地址：台北市民生東路二段141號B1
　服務電話：（02）2500-7718、（02）2500-7719
　服務時間：週一～週五9：30～18：00
　24小時傳真專線：（02）2500-1990～3
　E-mail：service@readingclub.com.tw

本書簡體字版名為《一表人才——專業的Excel商務
表格製作與資料分析(全彩)》（ISBN 978-7-121-
22502-4），由電子工業出版社出版，版權屬電子工
業出版社所有。本書為電子工業出版社獨家授權城邦
文化事業股份有限公司出版該書的中文繁體字版本，
僅限於繁體中文使用地區（限於臺灣，香港，澳門、
新加坡和馬來西亞地區）出版發行。未經本書原著出
版者與本書出版者書面許可，任何單位和個人均不得
以任何形式（包括任何資料庫或存取系統）複製、傳
播、抄襲或節錄本書全部或部分內容。

國家圖書館出版品預行編目資料

Excel職場新人300招：函數、圖表、報表、數據整理有訣
竅,原來這樣做會更快!/賈婷婷著
-- 三版. -- 臺北市：電腦人文化出版
；城邦文化發行, 民112.03
　面；　公分
ISBN 978-957-2049-28-0(平裝)

1.CST: EXCEL(電腦程式)

312.49E9　　　　　　　　　　　　　　1120008 x37